渓流で出会える多様な魚たち

岩魚曼荼羅

IWANA MANDALA

神秘のイワナ図鑑

佐藤成史 著

釣らう、無心の姿で。
つり人社
SINCE 1946

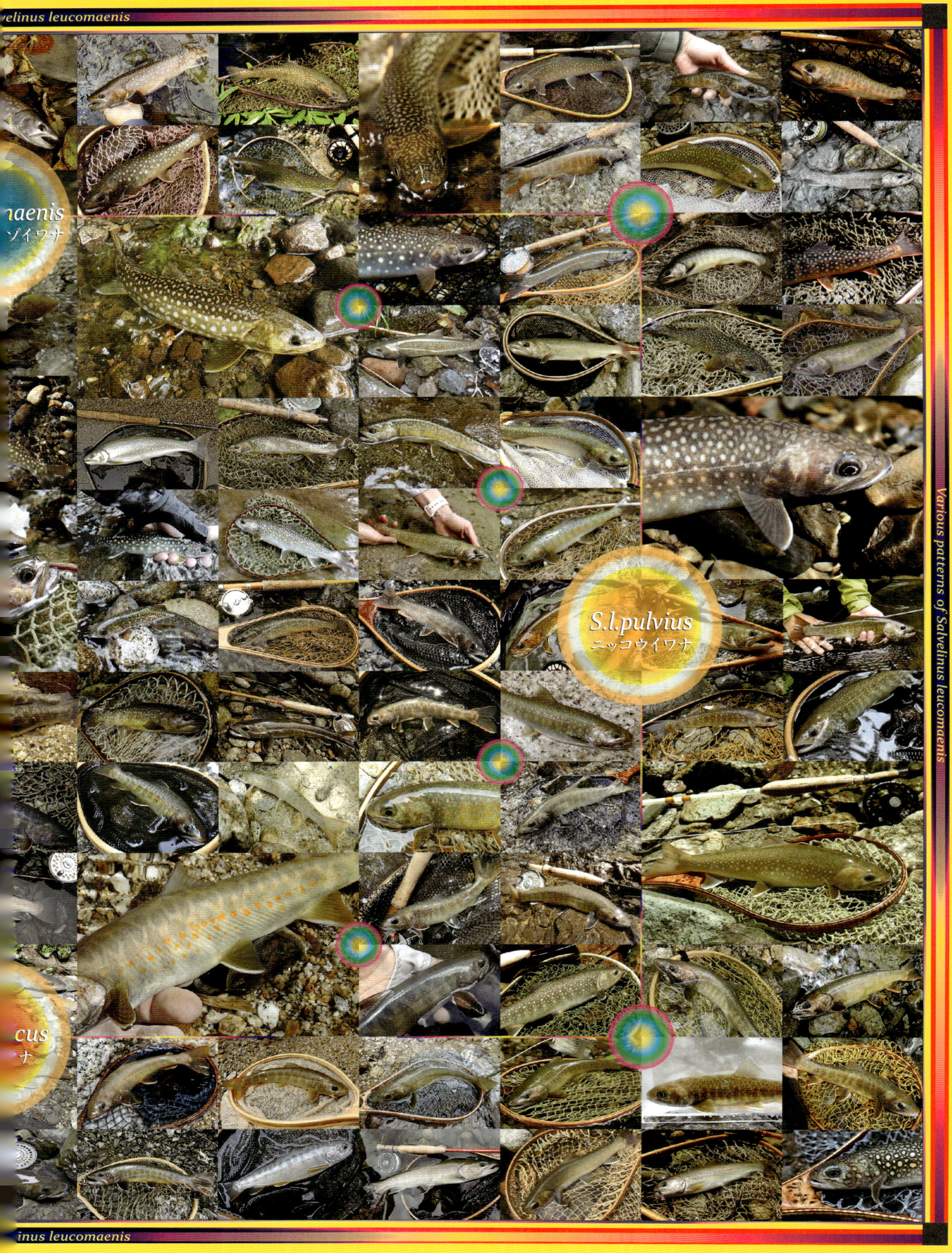
velinus leucomaenis
aenis
ゾイワナ
S.l.pulvius
ニッコウイワナ
cus
ナ
Various patterns of Salvelinus leucomaenis
inus leucomaenis

Various patterns of Salvelinus leucomaenis

 Artwork by Ayako Sugoshi

渓流で出会える多様な魚たち
岩魚曼荼羅
IWANA MANDALA
神秘のイワナ図鑑

Contents

……日本産イワナの神秘を紐解く
多様な外観と分布の実際

エゾイワナとニッコウイワナの外観や棲息河川は特に日本海側で重複して、明確な区別ができない。それは互いの深い関係性を物語る証拠でもある

イワナ学の経緯と発展

日本に棲むイワナは謎が多く、生態や行動、そして多様な外観といった点でひじょうに難解な魚である。それが大きな魅力である反面、研究者の間でも意見が分かれることから、さまざまな視点による調査・研究が行なわれてきた。しかし考えてみれば、イワナ属を含めた魚類に関するさまざまな学問……分類学、生態学、解剖学、陸水学、生物進化学、系統地理学、遺伝学等々、それぞれの研究分野ではそれぞれのテーマや論点に相違があり、研究対象へのアプローチの方法や考察の掘り下げ方が微妙に異なっている。ある分野では重要な事項でも、ほかの分野では無視されたり、あまり問題にされないケースもよくある。とはいえ、一般の釣り人は学術的な見解に対して議論できるような知識は持ち合わせていない。知れば知るほど、聞けば聞くほど、次から次に疑問が出てくるのではないだろうか。私たち釣り人は、目視できる範囲で想像力を膨らませることしかできない。よほどの好奇心がない限り、ややこしい世界に没入しないほうがいいかもしれない。しかしながら、自分が普段釣っているイワナのバックグラウンドを知りたいと思ったり、支流ごとで異なる模様の特徴に気がついたり、魚資源の変化や将来について不安を募らせているのであれば、当然ながらその分野の勉強は欠かせない。経験は知識を得てこそ生かされるもので、自分勝手な思い込みに明け暮れてばかりでは、何も進まないし心が満たされることもない。

ここからは、イワナに関する基礎知識について分かりやすく解説していこう。

日本国内に棲息するイワナの仲間は、イワナ属（*Salvelinus*）という分類段階ではイワナ(*Salvelinus leucomaenis leucomaenis*)と北海道のみに分布するオショロコマ(*Salvelinus malma malma*)の2種である。本書はイワナの多様性や地域変異、個体変異等について紹介することが目的なので、オショロコマについてはあえて言及しないことをあらかじめお伝えしておく。

イワナの分類については、古くから様々な説が唱えられてきた。国内の研究者が日本産イワナに関する調査・研究を始めたのは西暦１９００年前後、年号でいえば明治時代後期のあたりである。それ以前、ドイツの動物学者フランツ・ヒルゲンドルフによって栃木県日光産イワナが新種として認定されたのが１８７６年、このときの学名はSalmo pluvius Hilgendorfであり、以降何度かの分類に関する論争の末、現在のニッコウイワナの学名……*Salvelinus leucomaenis pluvius*(Hilgendorf

イワナは自由奔放な魚だ。
海を巡り、
川を遡り、
時には姿を変えながら、
幾万年もの
時空を駆け抜けてきた。
全国のイワナたちの
生きざまを
少しでも感じて
いただきたければ
幸いである。

ヤマトイワナとゴギの違いは明確で、外観的にはほぼ別種である。棲息地も離れているので、別々に進化してきたことが外観からもイメージしやすい

1876)に帰結することになった。

その後、1961年に大島正満博士が提唱した1種4亜種｛アメマス(エゾイワナ)(*Salvelinus leucomaenis leucomaenis*)、ニッコウイワナ(*S.l.pluvius*)、ヤマトイワナ(*S.l.japonicus*)、ゴギ(*S.l.imbrius*)｝とする考え方が主流となった。分類の根拠は外観の相違や生息地域の違いとされているが、実際には重複があったり、典型的な特徴を持つ個体とそうではない個体とが入り混じる境界帯が散在していたり、基準自体に曖昧な部分も多い。

イワナの自然分布に関しては、北海道と本州のみとされている。四国と九州にイワナは棲息しないことが定説とされているが、学術的な根拠は希薄で、研究者が現地に足を踏み入れて棲息の実態を精力的に調査・研究した記録もない。気象状況や気温、水温、火山の噴火等々多少の地質学的なアプローチも見て取れるが、聞き取りや風聞による偏った情報収集だったり、研究者の想像や先入観で自然分布域を決められてきたような気がしてならない。

大島博士の分類から現在までの約60年の間、日本国内の自然環境は劇的な変化を遂げた。高速道路や新幹線といった公共交通機関が発達し、それに伴う国道や県道の整備が飛躍的に進んだ。高度成長期を背景にダム建設や河川改修などの公共工事が爆発的に増加し、山奥へ延びる林道が全国の山岳地帯の山肌を蝕んだ。それまでは一部のエキスパートや登攀技術に長けた登山者しか入れない領域が全国に多数存在していた。特に西南日本の険しい山岳地帯は危険な場所が点在し、近寄ることさえ困難な河川源流部が多数残されている。このようなエリアで良質で新鮮なサンプルを手に入れるのは現在でも難しい。当時の論文に目を通していると、ホルマリン液で変色したイワナの標本写真がしばしば登場する。各ヒレの軟条数や鱗数などの特徴、鰓耙や幽門垂の数のように、数値化することで比較可能なデータを得ることは、生きている個体の観察なしには不可能だ。また、当時は写真の技術もお粗末で、斑紋の特徴や細部の違いを視覚的に判別するのも難しかった。スケッチにしても本来の色調を失った標本を基にしているため稚拙なものが多く見られる。限られたサンプル数とその保存状態によって得られる情報量やその質にも大きな違いがあったことが理解できる。あらゆる点で精度の高い情報を得ることが難しかったのだ。

放流行為による在来個体群の損失

このように、不足気味な情報を基に行なわれたイワナの分類だったが、現在でも大島博士の唱えた1種4亜種説は支持され、広く一般社会にもその考

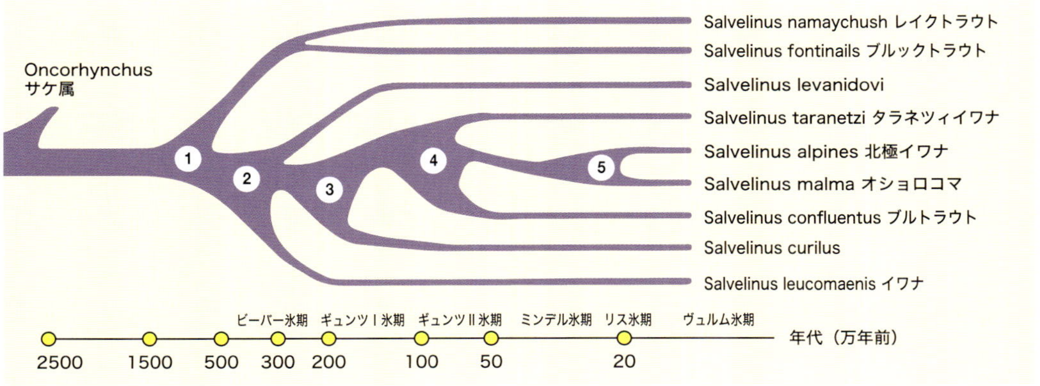

イワナ属の系統樹

イワナ_CHARRS OF GENUS SALVELINUS OF ASIAN NORTH PACIFIC_2017
サケ科魚類の系統樹はさまざまで、研究者それぞれで見解が異なることもあり、どれが正解なのかはよくわからないというのが本音である。この系統樹は2017年にロシアで発表された191ページにも及ぶアジア北太平洋に棲息するイワナ属に関してまとめた論文から引用したもので、最新の知見が反映されている。日本のイワナは約256万年前にOncorhynchusから分岐した②のグループに含まれる

引用元：CHARRS OF GENUS SALVELINUS OF ASIAN NORTH PACIFIC: origin, evolution and modern diversity

世界のイワナの自然分布図

最初のイワナのグループが出現したのは、現在のアラスカ半島とカムチャッカ半島に連なるアリューシャン列島の内側に存在したベーリンジアという低地だったという説がある。現在のベーリング海は水深が浅く、2万5000年前〜1万2500年前頃、人類はベーリング陸橋を渡って北米へ移動したといわれている。氷河期や間氷期の海面の変化に伴い、陸地になったり陸橋になったりを繰り返していた。それよりずっと古い時代、ベーリンジアから北米へ南下したのがレイクトラウトとブルックトラウトの仲間、ヨーロッパへは北極イワナ、そしてロシア極東へ向かったグループ、そして北太平洋に広く分布するオショロコマの仲間、と、最南下したのが日本のイワナのグループである

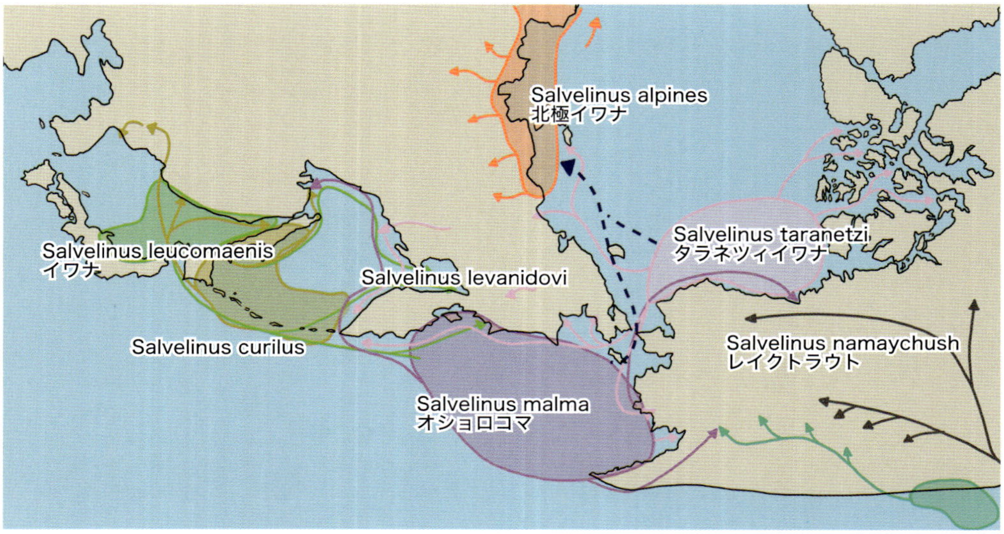

引用元：CHARRS OF GENUS SALVELINUS OF ASIAN NORTH PACIFIC: origin, evolution and modern diversity

え方は浸透している。一時期、生態学の大御所、今西錦司博士によるクライン説が話題になった時代があった。クラインとはジュリアン・ハクスレーという英国の進化生物学者が唱えた説で、同一種が南北に棲み分けた場合、北方へ向かうほど体色が淡くなり、個体が大型化するという現象で、確かにクマの仲間などでは体毛の色調変化でそのようすが見て取れる。これを東海地方のヤマトイワナから関東・日本海沿岸のニッコウイワナ〜東北・北海道のエゾイワナ（アメマス）の色彩変化を根拠にして説明した。この変化に該当しないゴギに関しては例外と判断し、ヤマトイワナ・ニッコウイワナ・エゾイワナは同一種内における連続的な色彩変異にすぎないので同じイワナと判断し、イワナは1種でゴギだけが亜種という説を唱えたのである。確かに一理あるように思えるが、実際の分布形態はそれほど単純ではない。半世紀以上、全国を釣り歩いて各地のイワナを見てきたが、それですっきり片付く問題ではないように思える。そればかりか大島博士の分類に対する反論のように聞こえて、学者同士の足の引っ張り合いのような構図が見えてきて不信感を覚えた。そもそも今西は自らのクライン説を学術論文として発表したわけではなく、著書の中で提唱しただけだったので、本来的に同じ机上で議論される問題ではないのである。

さて、ここからが本題で、放流の問題について少々掘り下げていくことにしよう。

養殖技術の発達により1970年代頃から全国で放流事業が盛んに行なわれるようになった。ヤマメでは1970年代、少し遅れて1980年代になるとイワナの放流も全国各地で行なわれるようになった。これがイワナの自然分布や在来個体群の存続に混乱を招いた。稚魚や成魚の放流は、漁業権の免許を受けた漁業協同組合に課せられた義務である。漁業権は「一定の水面において特定の漁業を一定の期間排他的に営む権利」であり、特定の地域や河川を独占的に利用するための権利ではない。あくまでも特定の魚種を独占的に採捕するための強い権利である。そのかわり、漁業権対象魚種については相応の増殖義務が課される。つまり稚魚や成魚の放流は、増殖義務を果たすために欠かせない行為なのである。また、放流は釣り人に対しても分かりやすい増殖行為であり、アユ釣りなどでは放流だけで釣り場を成立させているケースも多い。実際には放流だけが増殖行為に該当するわけではなく、人工産卵床の造成等の環境整備やゾーニングも解釈次第では増殖行為と判断できるのだが、いつのまにか放流こそが増殖行為の王道のようになってしまった。

こうした時代背景や漁協の増殖行為の慣例化もあって、ヤマメやイワナの

撮影する私を警戒しながらも、近づいてくるようすを見るのは楽しい。イワナならではの豊かな表情も魅力だ

放流は全国で粛々と実施されてきた。生物多様性や在来個体群の保護などに無関心だった時代には、ヤマトイワナの棲息する河川にニッコウイワナ系の魚を放流したり、ニッコウイワナの棲息河川にエゾイワナ系を放流したり、とりあえずイワナという種に属している魚ならばすべて同じだろうという判断を下され、異系群の放流が平然と行なわれていた。当時は研究機関や水産行政からの適切な指導もなく、増殖行為をまっとうするためにはそれが当たり前だったのだ。その結果、放流魚と在来魚が自然交配して雑種化が進んだ。結果として、相当に念入りな放流が継続されたことになり、在来個体群の血脈は乱された。在来魚と放流魚が完全に置き換わる現象も各地で見られた。放流に対する安易な考え方は最近になって改善されてきたものの、在来個体群を尊重した資源管理は浸透しているとはいえない状況が続いている。遺伝系統の近い魚を放流種苗に使うべきだと、漁協へ指導の声が届くようになったのは最近になってからである。

しかしながら、各地の養魚場は経営者の高齢化で生産量が年々減少している。増殖義務をクリアするための放流に必要な養殖種苗を入手するのも困難な場合、数字合わせのために、遠く離れた異系群の魚を混ぜなければならないこともある。需要と供給のバランスを保つことは、どんな世界でも難しいのが現実だ。

在来個体群に対する放流魚の数や継続年数によって放流効果は違って当然だろう。養魚場で継代飼育されてきた放流種苗の自然界における生存率は決して高くはない。自然環境に馴染めなければ、産卵に参加できないかもしれない。そもそも野生魚でさえ、15cmに成長するまでの残存率は約2%。放流魚ではその半分以下であることが報告されている。自然界は放流魚にとっては、過酷な環境なのである。

このような実態から、放流が魚資源の増加に貢献してきたとは思えない。イワナの在来集団にとって、無秩序な放流行為は理不尽極まりない試練なのである。それでも1尾でも多く釣りたいと願う釣り人たちのエゴもあって、自然界や在来集団にとって不適切な放流活動は現在も続いている。そもそも在来や野生の個体群が残っている水域への放流は慎むべきである。渓流魚の放流は人間の自己満足であり、期待とは裏腹に作用していると判断せざるを得ないのである。

遺伝子解析と生物系統地理学

近年、DNAなどの遺伝子解析によって得た遺伝情報を活用して、生物の進化や生態的特徴を調べたり、遺伝的多様性に関する研究が各地で行なわれるようになった。というより、むしろそれはほかの動植物でも同様で日

本産イワナに限ったことではない。この10数間年で遺伝子に関する研究データの蓄積量が飛躍的に増加して、関連するほかの動植物や環境DNAなどのデータ解析との親和性も高いことから、多くの研究者が熱心に取り組んでいる。

残念ながら遺伝子は目に見えないので、結果の説明や提示を受けても理解不能といったケースも多々あり、脳みその硬くなった釣り人には厳しい状況がもたらされている。

前項で放流の弊害について簡単に説明させていただいた。遺伝子解析を行なえば、放流魚が在来個体群に対してどんな影響を与えているのか、本当に交雑はあるのか、その場合、生まれた魚はどんな特徴を持っているのか等々の回答が得られる可能性が高い。たとえば同一水系に棲息する在来イワナグループの遺伝子型が分かっていれば、過去に放たれた放流魚の遺伝子を調べることでその由来を辿ることができる。サンプルのデータ量が多ければ多いほど、遺伝的に共通するグループを特定できるだけでなく、在来・非在来の判別が可能になる。イワナに限らず、遺伝データの蓄積は今後もひじょうに大切になっていくことだろう。

これまで、日本産イワナの遺伝子研究において、最も多くのデータが集積されているのはmtDNA(ミトコンドリアDNA)の解析情報だろう。mtDNAは細胞内小器官であるミトコンドリア内のDNAで、塩基置換の起こる速度が速く、変異が生じやすい特徴がある。また、母性遺伝という特性があり、父方の細胞内にあるミトコンドリアが持つ遺伝情報を反映することがない。そのため生物の集団解析や同一種内における遺伝的構造の解明を期待できる指標として、古くから多くの生物の遺伝子解析に利用されてきた。このように片親から受け継いだ半数型の遺伝子型はハプロタイプ（Haplotype：Haploid genotypeの略称）と呼ばれ、"Hap-3"とか"Hap-28"といった表記で示される。

2000年を過ぎた頃から、水産庁が進める事業の研究テーマのひとつとして「遺伝的多様性の把握及び個体群の在来・非在来判別方法の開発」というサクラマスとイワナのmtDNAの部分塩基配列を指標とした遺伝子解析が始められた。遺伝子データベースの構築という観点から、サンプルデータ量は着実に増加し蓄積されていった。2015年の報告では、日本全国とロシアのイワナ集団(234集団)から64種類のハプロタイプが確認されている(サクラマスでは60種類)。これまで私の拙著や投稿記事などでたびたび紹介しているmtDNAのハプロタイプ・ネットワーク図は、この報告書から引

水源地は命の源である。水の流れがある限り、イワナたちは頑なに水源を目指して遡上を続ける。海から水源まで、川の全部を知っているのはイワナだけである

日本産イワナ遺伝子ネットワーク

遺伝的多様性の把握及び個体群の在来・非在来判別手法の開発
水産総合研究センター 増養殖研究所

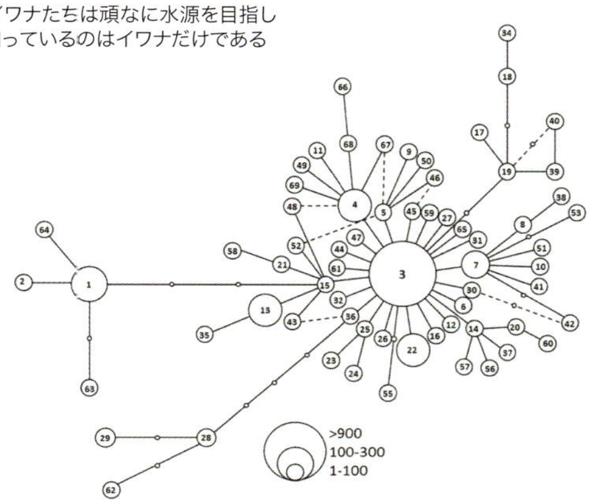

日本産イワナmtDNAの部分塩基配列の遺伝子ネットワーク。2015年の時点で、64ものハプロタイプ(遺伝子型)が見出されていた

用したものである。

そして2023年、上記研究の主任担当者でもあった水産技術研究所日光庁舎に勤務する山本祥一郎博士らによる興味深い論文が発表された。タイトルは「Phylogeography of a salmonid fish, white-spotted charr(*Salvelinus leucomaenis*), in a historically non-glaciated region in the northwestern North Pacific」。適切な訳ではないかもしれないが「北太平洋北西部の氷河に覆われた歴史を持たない地域におけるサケ科魚類イワナ(*Salvelinus leucomaenis*)の生物系統地理学」といった意味合いで解釈すればよいだろう。

この論文のテーマはMIG-seq法で核DNAから検出されたSNP(一塩基多型)データと、これまで蓄積されてきた大量のmtDNAの配列データを統合することによって、北太平洋北西部に棲息するイワナの進化史を明らかにすることである。キーワードはタイトルに含まれている"Phylogeography：生物系統地理学"で、現存する生物がどのような歴史的経緯を経て、現在の自然分布に至ったのかを紐解く学問である。イワナに関する膨大なサンプルと実験データを用いた過去にない大作であり、今後のイワナに関する研究に大きな影響を与えるのは確実だ。また、釣り人たちが普段から感じてきたイワナに対する疑問に対しても、その解を得るための重要な鍵になりそうだ。

web上で閲覧可能だが、英国の科学雑誌に掲載された論文のため、2024年9月の時点では日本語の翻訳バージョンを見ていない。けれども翻訳ソフトを活用すれば、私を含めて英語の理解力が低い人でも、何とか内容を理解できるのではないだろうか。

論文内の重要で分かりやすい図に関しては引用させていただいた。一部のマニアック人たちには、これらの図を眺めているだけで楽しめるかもしれない。内容の理解を深めるため、個人的に興味深かった点を抜粋して、備忘録的に紹介していくことにしよう。

SNP解析ではNorthern Group(北部グループ)、Eastern Sea of Japan group(東部日本海グループ)、Eastern Pacific group（東部太平洋グループ)、Western Pacific group（西部太平洋グループ)、Western Sea of Japan group（西部日本海グループ）といった5つの遺伝子グループに分けることができた。このうち、最も分布範囲が広い北部グループ以外の4グループは本州のみで発見されている。また、北部グループと東部日本海グループ、東部太平洋グループが重なるエリアの個体番号83~89、101、そして76では、明らかな他地域との接触域（主体の変容が見られる動態的空間）が見られた。また、北部グループ以外では、日本海側と太平洋側で明確にグループが分か

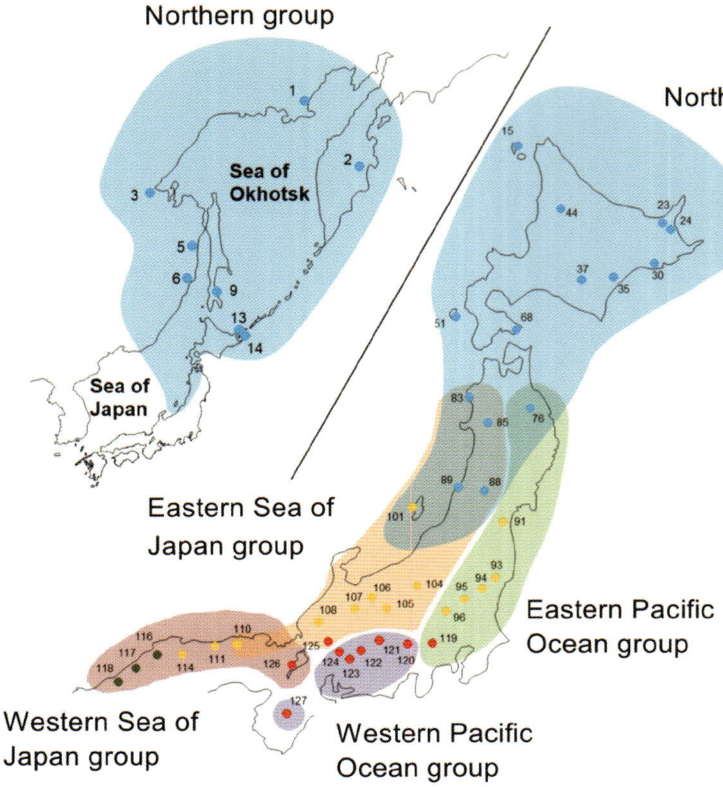

核DNAのSNP解析によるイワナの遺伝グループ

色分けされた5つの遺伝グループのエリアに注目してほしい。北海道と東北北部から日本海側で重複するグループ、、同様に中国地方と北陸方面で重複するグループの存在はほぼ予想通りというか、外観の変化におけるグラデーションに通ずるものがある。ヤマトイワナが明確にグループ化されている点も注視すべきポイントである。

Phylogeography of a salmonid fish, white-spotted charr(Salvelinus leucomaenis), in a historically non-glaciated region in the northwestern North Pacific　より抜粋

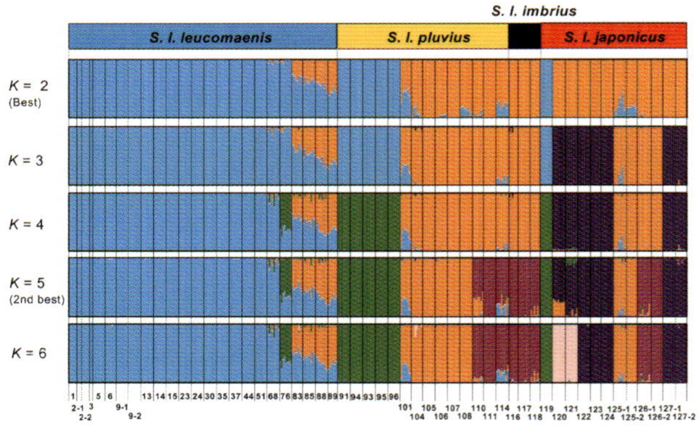

れた。黄色い点の配置からニッコウイワナの分布は核DNAが示すグループと一致していない……等々が確認できた。同様にゴギについても独立した遺伝グループとはいえないことが推測できた。

mtDNA解析では、5499尾、127の河川・湖沼の285集団から得た膨大なサンプルから得た情報によって、mt-GroupA、mt-GroupB、mt-GroupCといった3つのグループに分けることができた。67種類のハプロタイプが見出され、そのうち40は単一河川に特有であり、27は複数の河川に分布していた。また35が*S. l. leucomaenis*(アメマス：エゾイワナ)集団内に、30が*S. l. pluvius*（ニッコウイワナ）集団、17が*S.l.japonicus*（ヤマトイワナ)集団、6つが*S. l. imbrius*(ゴギ)集団に確認できた。

この結果からmtDNAの解析結果では4亜種をグループ化することができないことがわかった。変異のほとんどは同一亜種内で見られ（SNP：48%、mtDNA：74%)、亜種間の変異は少ない（SNP：16%、mtDNA：11%）。

2015年のネットワーク図にあるハプロタイプの番号のいくつかが2023年度版では消えていることに気が付き、筆者に問い合わせてみた。Hap-41、44、45、46、47、49については、ほかの研究者がこれらのハプロタイプを見つけ、DNAデータベースに登録したものであるため、河川のデータを持ち合わせていないこと。またHap-43については醒ヶ井養鱒場で確認されたものであること。さらに比較的多くの河川で見られるHap-42については、再調査を行なった結果、在来集団ではない可能性があり、除外したとのことだった。

日本列島周辺は固有種が多く生物多様性のホットスポットと考えられている。多様な地形や気候を備えていたため、多くの冷温帯水生生物が過酷な気候変動が繰り返された更新世（約258万年前から約1万1700年前）を生き延びることができたのである。氷河期など、広範囲にわたって生物種が絶滅する環境下であっても、局所的に種が生き残った場所……いわゆるレフュジア(refugium)に恵まれていたのかもしれない。陸封されても生き延びることができるヤマメやイワナたちだが、必要があれば海との交流も可能である。頻繁に地殻変動が起こる日本列島にあっても、彼らは急変する地形にも適応し、閉じ込められた環境にも耐え忍び、再び海とつながったときには大海に降りて回遊を行なったのである。そこでまったく別の場所で生活していた仲間たちと再会し、交流が復活する。このような現象が繰り返され、イワナたちの複

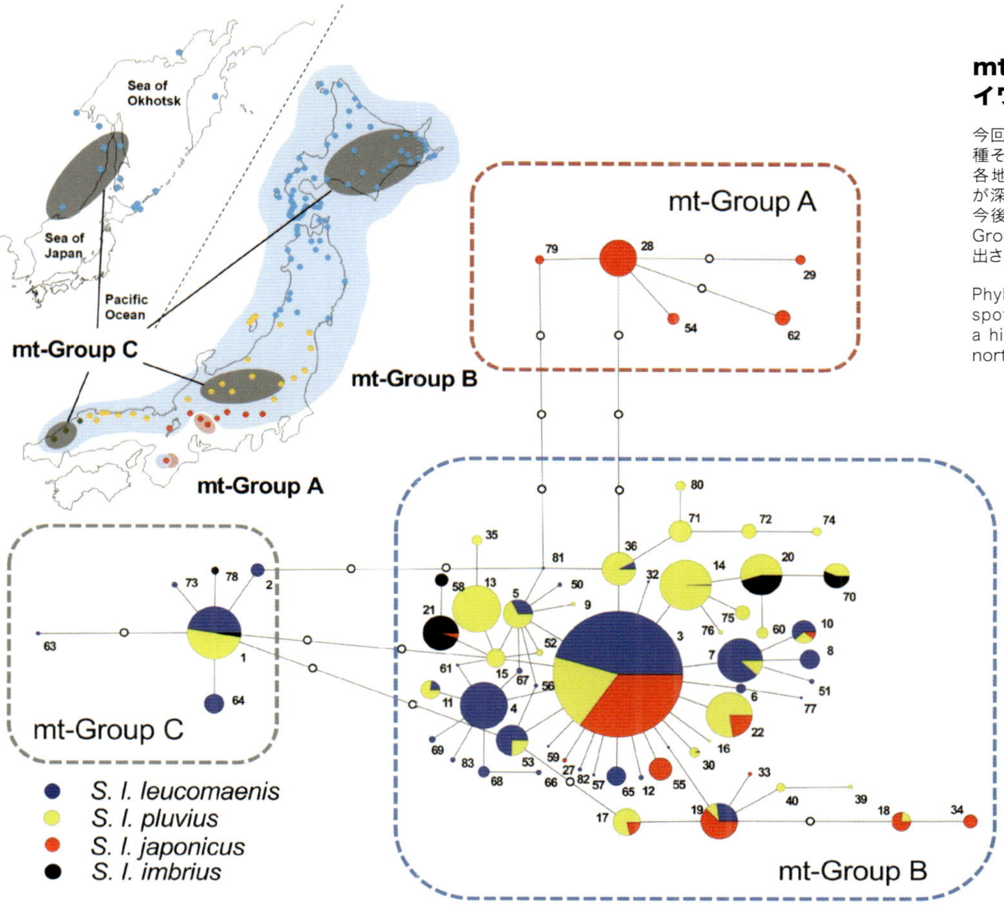

mtDNA 部分塩基配列の イワナ遺伝子ネットワーク

今回のmtDNA遺伝子ネットワーク図では、4亜種それぞれの成分表示的な色分けが行なわれ、各地域に棲息するイワナの遺伝系統への理解が深められたことがポイントではないだろうか。今後さらに各地のデータが集積されれば、mt-Group Cのような飛び地的グループや集団が見出されるかもしれない

Phylogeography of a salmonid fish, white-spotted charr(Salvelinus leucomaenis), in a historically non-glaciated region in the northwestern North Pacific　より抜粋

雑な歴史が刻まれてきた。

膨大な遺伝情報から得られた結果は意外性もあり、興味深い点も多い。サンプルの出所にはやや偏りがあり、北海道沿岸の中小河川がひじょうに多い。これは明確な在来集団が多く、データの精度を向上するためなのだろう。その一方、岩手県の北上川のように広大なイワナの棲息域を持つ水系では、下流部の一部支流のデータしか集められていない。阿武隈川水系も同様で、流域規模に比較すればサンプル数が少なすぎる。また、私の地元群馬県を流れる利根川でも、本流筋のデータがまったくない。矢木沢ダム上流の支流筋など、放流履歴のない小河川などいくらでもあるはずだ。こうした点を改善して、さらに広域で精度を上げた論文を数年後に発表していただければと願っている。

最後にもうひとつ、生きたイワナの画像があまりに少ないことが残念だった。16ページに及ぶ長論文に対してイワナの画像はわずか4枚。4亜種のイワナ画像がそれぞれ1枚掲載されているのみだ。読者の想像力をかき立てるには物足りないかもしれない。学術論文という性質上、また遺伝学という目に見えない分野の知見でもあり、選別が難しいのだろうか。

前述したように、興味を持たれた方は、ぜひ論文をご一読いただきたい。

そのうえで、全国のイワナの画像を集めた本書と照らし合わせながら、イワナという魚の不思議と魅力を満喫してほしいと願っている。

岩魚曼荼羅について

曼荼羅とは本来、密教修行者が悟りを得るためのシンボルとして、彼らの世界観を図案化したものといわれている。それは宇宙であり、天界を表わすデザインでもある。密教では世界をひとつの生命体として位置づけているが、そこには自然界の生命活動も含まれている。岩魚曼荼羅とは、神聖であり、神秘の象徴ともいえる個性豊かなイワナたちから学びを得るための絵図である。河川の最上流域、天空に最も近い水域で命をつなぐイワナたちの美しくも儚い容姿に敬意を込めて、全国の釣り人たちが撮影した画像をとくとご覧いただきたい。

次頁からは国内のイワナ棲息地を8つのエリアに分けて解説を進めていく。そして不要な混乱を避けるため、従来どおりの外観的特徴に基づいた1種4亜種（アメマス：エゾイワナ、ニッコウイワナ、ヤマトイワナ、ゴギ）の呼称を使うことを基本にする。

勉強不足で科学的な根拠を示せない点が多々あるかもしれないが、ご笑読いただければ幸いである。

本書に登場する主な河川や山地など

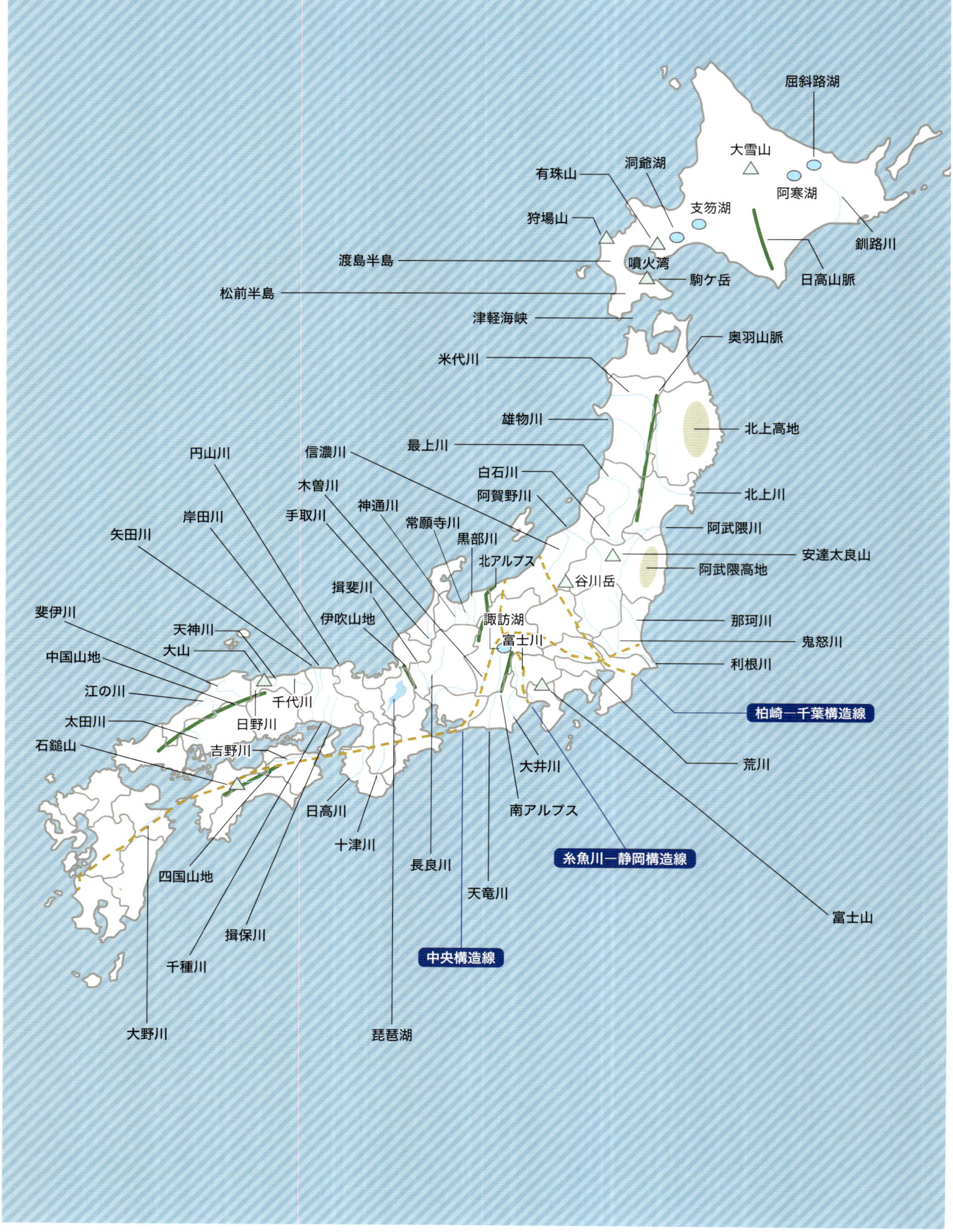

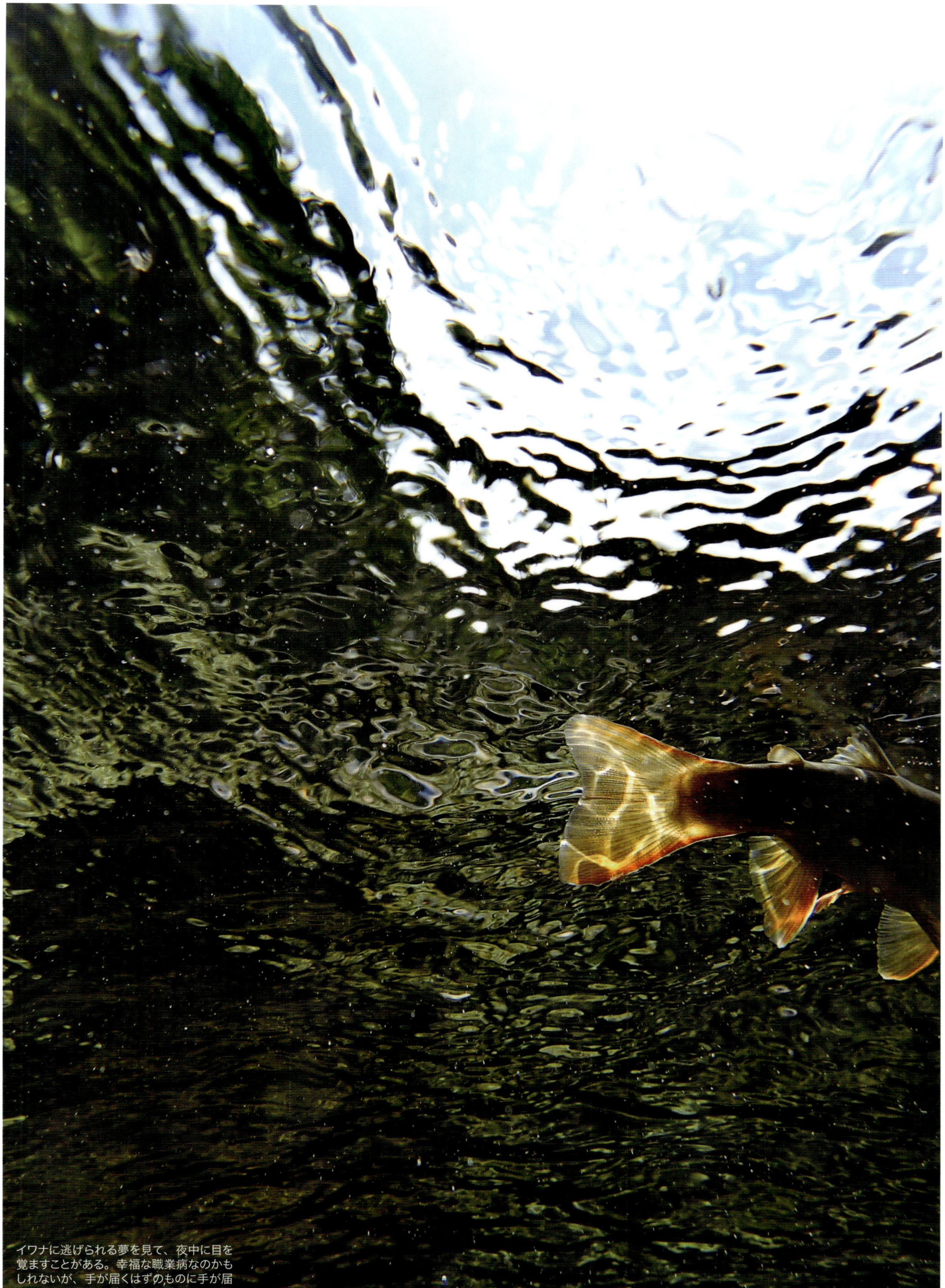

イワナに逃げられる夢を見て、夜中に目を覚ますことがある。幸福な職業病なのかもしれないが、手が届くはずのものに手が届かないまま見送るだけなのは悲しい。イワナよ、頼むからそこにいてくれ！

本書に登場する多様なイワナたち

新緑の候、道南渡島半島の川辺でランチタイム。午後はどこへ入ろうか

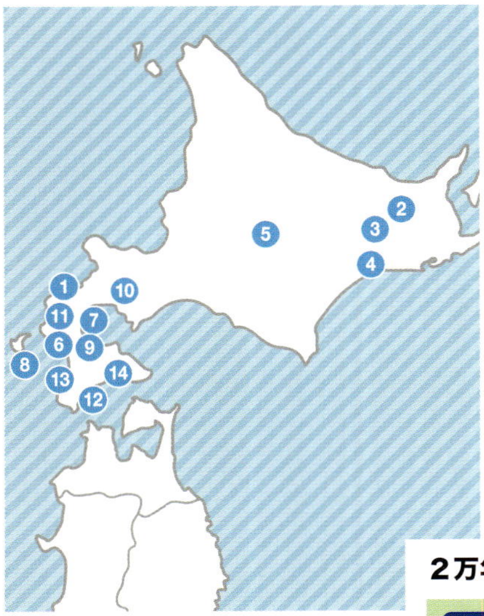

北海道エリア

広大な大地と海、豊かな自然環境と潤沢なイワナ資源

2万年前の北海道周辺

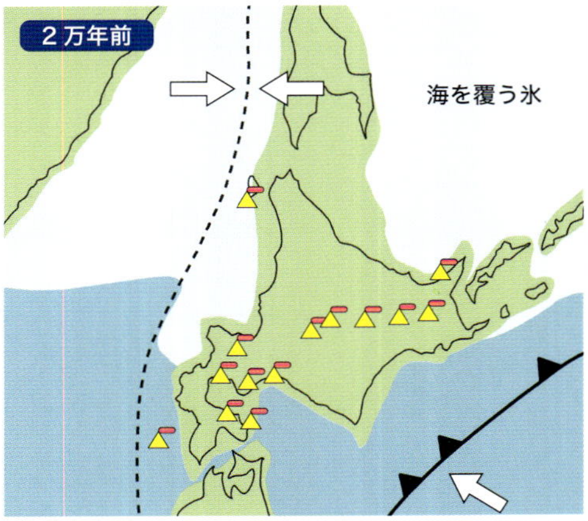

300 万年前の北海道周辺

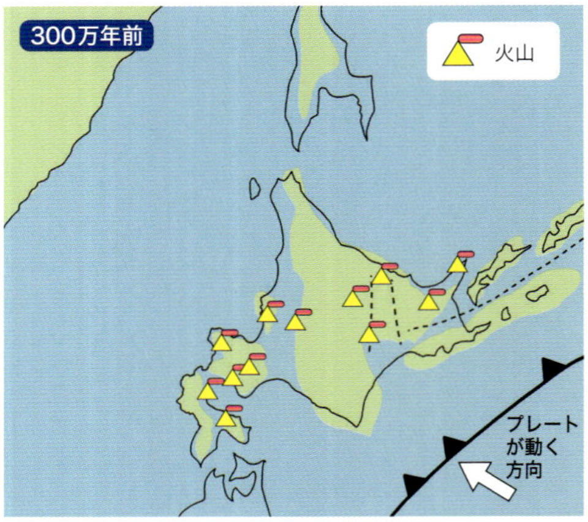

引用元：『北海道マガジン カイ』特集「ジオパーク。北の大地への旅」北海道という島のなりたち

イワナは本来、自由奔放な魚である。海を巡り、川を遡り、ほぼ道内全域の湖沼河川と沿岸部の水域に棲息している。北海道においては、エゾイワナやイワナといった呼称より、アメマスという降海型の呼び方のほうが認知されているかもしれない。

日本国内に棲息するイワナ（*S.leucomaenis*）はイワナ属の中で最も南進したグループだ。現在の自然分布の南限は奈良県の十津川源流域で、そこにはキリクチと呼ばれる地域個体群が細々と命をつないでいる。しかし、7万年〜1万年前の最終氷期以前、イワナの仲間はさらに南下していたことが想像できる。冷水性の魚ゆえ、夏季の水温が20℃を超えるような水域では生きていくのが難しい。そのかわり、水温さえ低く保たれていれば相当にしぶとい生命力を備えている。氷河期はイワナたちの南進を促し、棲息圏の拡大を図るには絶好の時代だったのである。

北海道では現在でも自由奔放な生活史を送るイワナたちにとって国内最高の棲息環境が保たれている。自在に海と川を行き交うイワナ本来の奔放さを余すことなく発揮できるのは、国内では北海道全体〜北東北のエリアだけである。降海したアメマスをターゲットにしたウミアメ釣りも、北海道ならではの冬から春の風物詩である。東北地方沿岸部にもアメマスの回遊があり、定置網などに入った報告を聞くこともあるが、釣りの対象になるだけの資源量は確認されていない。

また、北海道の陸地形成過程もイワナたちの分布に影響を与えていることが想像できる。北海道は北米大陸からアリューシャン列島〜カムチャッカ半島〜千島列島から連なる環太平洋火山帯の一部であり、北米プレートとユーラシアプレートの境目に、日高山脈と大雪山系が南北に連なる細長い陸地が誕生した。これが北海道の土台となり、更新世（258万年〜1万年前）の間の地殻変動や造山運動によって山脈の東西に現在の陸地が形成されたのである。最終氷期（7万年〜1万年前）には海面が下がり、その頃はユーラシア大陸と陸続きでつながっていた。こうした大地鳴動の過程で繰り広げられたさまざまな環境変化に適応しながら、イワナたちはそれぞれの時代を生き抜いてきた。源流域まで遡上したグループや火山のカルデラ湖に残されたグループは、そこで独自の進化を遂げた。海との交流や近隣河川との交流が残る地域では、遺伝的変異の少ない大きなグループとして現在も繁栄を続けている。

それでも遺伝子解析データから各地の地理的遺伝系統を紐解いていくと、繰り返される地殻変動や造山活動の影響を受けて、興味深い遺伝的構造が見て取れる。たとえば日高山脈の東側、現在でも活発な火山活動が見られる阿寒湖周辺では、約15万年前の噴火で阿寒湖が出現した。さらに3万年前の火

（上）道南地方の日本海側、狩場山の麓……ウミアメの聖地と称される島牧海岸で釣れた典型的な海洋育ちのアメマス。栄養豊富な海洋生活を物語る白銀のふっくらとした魚体、大きく丸い白点、背ビレと尾ビレの外は黒く縁どられている①　photo : North Anglers（下）屈斜路湖産の巨大アメマス、86cm!!　まさにモンスターと呼ぶにふさわしい風格ある魚体だ。急激に成長した大型のアメマスに見られるドーナツ型に中抜けする斑点が印象的。屈斜路湖は酸性湖沼で魚類の棲息が限られていた時代があった。ところが1980年代からph値が上昇して、いつの間にか水質が改善されていった。しかしどのようなメカニズムでそんな現象が起こったのか、自然界を操る魔法のトリックを我々は知る由もない②　photo : goose factor

エラブタまでくっきりとした白点が刻まれた迫力ある外観を有すタイプ。60cm超えのサイズから湖沼型のアメマスだと思っていたが、驚くべきことに河川で生まれ育った陸封イワナの可能性があるらしい。どんな環境で、どんなエサを食べて巨大化したのだろう　photo：goose factor 道東河川

山活動で屈斜路カルデラが形成される。それぞれの年代における地形変化の影響を受け、何回もの隔絶と解放を繰り返しながら、この一帯のイワナ集団が成立した。現在確認できる釧路川水系におけるイワナのｍｔＤＮＡ解析データではＨａｐ-１から派生したグループが多く見られる。屈斜路湖に関してはＨａｐ-３、Ｈａｐ-64の報告のみだが、Ｈａｐ-１とＨａｐ-64は多くの場合セットなので、屈斜路湖の集団からもＨａｐ-１が検出されるのではないだろうか。阿寒湖のアメマス集団はＨａｐ-１、Ｈａｐ-64のみで構成されている。阿寒湖と背中合わせの釧路川支流、雪裡川も同じ遺伝的構造である。Ｈａｐ-４はロシアのイワナ集団に多く見られる北方系の遺伝子型である。日本産イワナのｍｔＤＮＡネットワークの中心はＨａｐ-３だが、道東にはＨａｐ-１を中心としたグループが散在している。同様の遺伝グループはｍｔ-Ｇｒｏｕｐ Ｃに含まれ、北アルプスの標高の高いエリア、西中国山地のゴギの棲息地というように、広範囲で不連続な分布を示している。ｍｔＤＮＡは過去の交流が形として残りやすい遺伝子マーカーといわれることから、国内全域に広く見られるｍｔ-Ｇｒｏｕｐ Ｂ との交雑や置き換えが繰り返し行なわれてきたことが推測できる。

近年、釧路川以西の小河川に遡上するアメマスが極端に減少していると聞くが、その原因はよくわかっていない。また、いまだにアメマスをサケ稚魚を食害する害魚扱いする地域があり、その点は残念に思う。

それでは日高山脈の西側、道南方面ではどうだろう。こちらも活発な造山運動が続くエリアとして有名だ。噴火湾を取り巻く有珠山、昭和新山、駒ケ岳といった活火山群。支笏湖や洞爺湖は噴火口に水が溜まったカルデラ湖である。それだけに噴火に伴う火砕流や土石流で河川が埋め尽くされたり、酸性水の流入で魚類が死滅したりといった事例も多くある。時間の流れとともにそうした河川も復活して、何事もなかったように魚たちも戻っている。いざというときに海を利用できるイワナたちの適応力が発揮されているのだ。

自然環境は道東方面と著しい違いがある。渡島半島の山岳部には狩場山から渡島半島に至る広大なブナ林が広がり、山岳部に入ると東北地方にいるような錯覚に陥ることがある。植生が異なれば、河床の構成や色合いもそれに準じて変化するため、イワナたちの体色や生態も道東の魚とは違って見える。

津軽海峡付近まで下がってくると、特に日本海側のイワナは着色点を有するタイプが目立ってくる。沿岸部から河口付近にはアメマスが回遊し、最上流までイワナが棲息している。函館市内を流れる川では、コンビニの看板が見えるところでイワナやヤマメが釣れ

昨年のある日、道内でガイド業を営む友人が、SNSに突然投稿したアメマスの画像を見てびっくりした。北海道では見たことのない斑紋変異である。不揃いな形で輪郭のある白点の配置があまりに個性的。関東の利根川筋の支流には、このタイプによく似た地域個体群が見られる。遺伝系統ではあまり近くないため、斑紋の特徴は遺伝子の表現型ではないようだが、遠く離れた場所でこのようなタイプが出現することに驚いた。その後、この魚が棲むオホーツク海流入河川を訪れたのだが、大雨直後のドロドロの流れを見ただけで釣りができなかった　photo：Hideaki.Kcjima /Angler：M.Takeuchi　オホーツク海流入河川

（右）2022年6月、17年ぶりに再訪した阿寒湖で出会った黄金アメマス。くっきりした白点と体色のコントラストが美しい。近年モンカゲロウの棲息量が激減して、以前のようなスーパーハッチは見られなくなったという。それでも当時と同じドライフライやニンフのパターンだけでもそれなりの釣りが楽しめたので、思いのほか楽しい釣りができた（上）ボッケ付近から雄阿寒岳を眺望する。穏やかな朝の風景、無風の湖面に逆さ雄阿寒が映り込んでいた。このような状況下では、魚たちの警戒心がマックスになるので釣りはおやすみ。変わらぬ風景が懐かしく嬉しい

海から遡上したアメマス。体側に散りばめられた白点がうっすらピンクなのは、海で甲殻類を常食していたからだろう。1990年代、釧路市周辺の小河川には、秋になるとたくさんのアメマスが産卵のために海から遡上してきた。典型的な産卵専用河川である。いくつもの群れが次々に川へ入って、産卵を終えると長居はせず、海へ戻っていった。無限の資源量に思えたが、近年では遡上が激減して昔日の面影はないという④

る。どこにいてもヒグマの気配を感じるし、実際に遭遇率はほかの地域よりも圧倒的に高いため、単独行は絶対にお勧めできない。安全面を考慮すると、日帰り可能な範囲で行動するしかなく、源流部のかなり手前の地点で引き返さなくてはならない。ヒグマはまさに山の番人のような存在なのである。

道南は海も豊かでウミアメも比較的広域で見られる。ウミアメ釣りに行ったのは人生で一度きりだが、そこは人気のまったくない松前半島の某海岸だった。全然釣れる気がしなかったが、なんと3投目で65cmのウミアメが釣れて驚いた。結局3日間で釣れたのはその1尾だけだったが、パラレルワールドで起こっている出来事のようで実感が伴わなかった。

これまで釣ってきたイワナの総数の半分くらいは道南の川で釣っているかもしれない。外観的に個性的なタイプは少ないが、集団構成が特異的で大型魚が揃う川がいくつかあり、本州では体験できない夢のような時間を何度も過ごさせてもらった。

外観的には着色点がなく、白点が大きめなエゾイワナだが、前述したように津軽海峡に面したエリアの河川ではオレンジの斑点が混ざったり、白点が小さなタイプの割合が高くなる。変異幅は少ないが、河川による違いはそれなりに感じられる。いずれにしろ、道南のイワナとその棲息環境はワールドクラスのクオリティがあると思っている。過去にイワナの放流履歴がある川はわずかで、在来魚の資源がこれほど安定している地域はほかに例がない。

これまで北海道内で見たイワナの中で最も不思議なタイプ。25年ほど前、真空知川水系の最上流、笹薮の中を蛇行する細流で出会った。体側に小さな白点がパラパラとあるだけで、背部には白点がない。着色点はないが、ヤマトイワナの派生タイプのように見える。最も早い時代に南下してきて大雪山系の懐に入り込んで陸封されたグループだろうか。まだ健在なら、アブラビレをサンプリングして遺伝子を調べてみたい⑤

（左）道南狩場山中の林道を横切るオスのヒグマ。繁殖期のオスは行動範囲が広がるので遭遇率が高くなる。慣れきった光景ではあるが、慣れ過ぎてはいけない。遭遇を避けることが何よりも大切である（右）十勝川下流の広大な流れ。流路は直線化され、巨大な水路と化しているが、アメマスの通り道として機能している。近寄りようがないので、橋の上から眺めるだけだ

道南熊石周辺の日本海流入小河川最源流に棲むイワナ。体全体に散りばめられた明瞭すぎる白点が見事。うっすらブルーが入っているところも美しい。黄色い腹部もイワナらしい配色で、体側に並んだパーマークも確認できる。発想を切り替えると、北海道でしか見られない独特のタイプではないかとも思う⑥

大きな川ほど、どんなに上流へ進んでもアメマス的な外観を保持する個体が目立つ。通常は上流へ行くほど斑点が小さくなったり、全体の色調が濃くなったりするのだが、この魚の容姿は典型的なアメマスそのものである⑦

（右）北海道では大規模な魚道を見かけることがよくある。ほとんどは砂で埋まったり、河床低下で入口に段差ができて機能しなくなっているが、この魚道はアメマスがしっかり利用していた。維持するのはたいへんだが、作ったからにはきちんと管理していくべきである（左）苔むした岩石が目立つダム下の流れ。ダムで水量を調整されるため、増水による河床の攪乱が制限される。その結果河床の低下が進み、露出した大岩や岩盤を覆う苔も流されづらくなる

日本海に浮かぶ奥尻島の陸封イワナ。着色点はないが、斑点の特徴としては背中の細い虫食い模様や小さい白点など、エゾイワナというよりは日本海イワナに近い特徴を示している。北海道南西沖地震以来、奥尻島の地下水脈に変化が起こったそうで、イワナ棲息河川も減少したという⑧

（上）道南河川の上流部、海との交流が滝や堰堤で断たれたエリアに棲む完全陸封のエゾイワナ。棲息河川の規模や周囲の環境に特別なものは感じないが、平均サイズは大きく個体数も多い。本州では考えられない棲息量に驚かされる⑨（左）渡島半島遊楽部岳周辺に広がる樹海には、何ともいえない威圧感を覚える。ヒグマの棲息密度と相まって、神々の存在を思い知らされる。深く豊かな自然環境がここには残されている⑪（下）噴火湾流入小河川のエゾイワナ。この周辺では外観的にニッコウイワナといってもわからないタイプがときどき混ざってくる。この個体も着色点が微妙に入って、背部から腹部の白点のサイズ、バランスも道東のアメマスとはかなり違う。公表はされていないが、未知のmt-DNAハプロタイプが検出されたと聞いている。近代においても大きな噴火を繰り返している駒ケ岳の影響が大きいのかもしれない

津軽海峡流入河川に遡上してきたアメマスと出会う機会もあった。弾けるようなパワーに翻弄され、逞しい筋力に感嘆した。大小の斑点が交互に散りばめられ、独特の雰囲気を醸し出していた⑭

（上）津軽海峡流入河川、上流部に棲む超高密度の斑点が体全体に打ち込まれた精悍なイワナ。道東河川の頬までくっきり白点の入ったタイプと似ている。この川の支流群にはこうしたタイプがよく見られるが、遺伝構造的には周辺河川と変わらない。精査の必要がありそうだ⑬（下）函館市周辺の津軽海峡流入河川では、明確なオレンジ色の着色点の入ったイワナを見かけることがある。ニッコウイワナ、あるいは秋田や山形の日本海型イワナと区別がつかない。道東や道北でこのタイプは見られないので、明らかな変化を感じる⑭

福島県南会津、雨上がりの渓流で小鳥たちのさえずりに耳を傾ける

東北エリア

北から南へグラデーションで変化する魚体

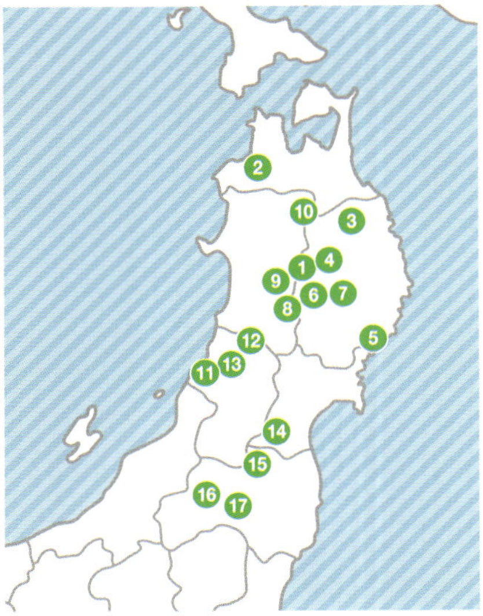

東北地方概念地図

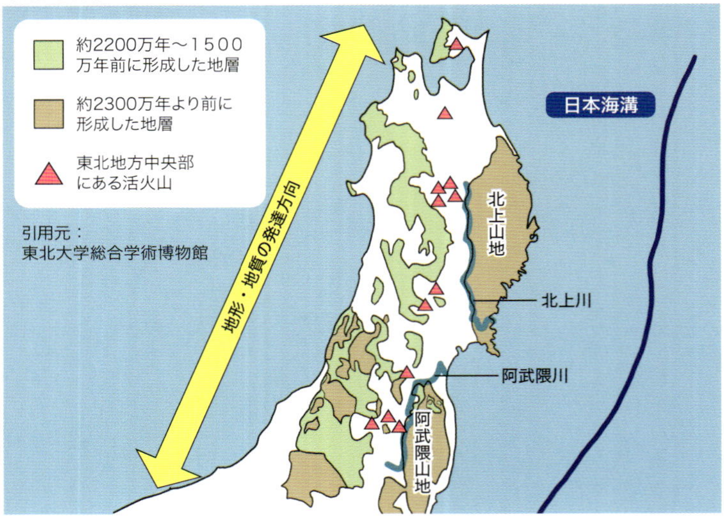

南北に長い東北地方は、北上山地から阿武隈高地へと続く太平洋沿岸部、北上川流域、奥羽山脈に沿った日本海沿岸部、阿武隈川流域といった4つのエリアで見ていくとイワナたちの棲息状況を理解しやすい。

太平洋沿岸部は千島列島から北海道に沿って南下する親潮の影響で海水温が低い。そのため北方から南下するアメマスのグループの影響が強いように思う。三陸海岸に流れ込む小河川では、源流部に至るまで比較的大きな白点を散りばめたエゾイワナ系が圧倒的に多い。この傾向は茨城県の那珂湊市に河口がある那珂川水系まで顕著である。ただし阿武隈高地から流れ出す河川では、中下流部が険しく上流部が平坦な特殊な地形のため、少々状況が異なる。古い時代に西南日本から北上して入り込んだグループや、河川争奪で日本海側からやってきたグループの影響なのか、着色点を持つタイプが多く見られる。三陸海岸流入河川でも、隔離された源流部がある河川では、同様の傾向が見られる。着色点を持つ割合は南下するほど高くなる。

北上川流域でも同様の傾向が見られるが、奥羽山脈から右岸に流れ込む大支流の源流部は、日本海側からの河川争奪の影響を強く受けているように感じる。日本海側の米代川や雄物川といった大河川上流部のイワナたちは、高確率で黄色～橙色の着色点が見られる。北上川支流の左岸流入河川に関する詳細は「FlyFisher 誌（No.306）の「瀬戸際の渓魚たち……10」にて解説しているので、興味のある方は参考にしていただきたい。

日本海沿岸部に流入する河川では、青森県以南ほぼ全域に着色点を持つタイプが見られる。これをニッコウイワナと呼ぶか日本海イワナと呼ぶか、はたまたエゾニッコウとでも表現すればよいのか、何とも悩ましい。こちらの場合も着色点を持つ確率は南下するほど高くなり、白点の平均サイズは南下するほど、あるいは上流へ行くほど小さめになる傾向がある。確かなのは太平洋側と日本海側とでは、あらゆる点で違うということだ。しかしその境界線は曖昧で歯がゆいというのが実情である。

もうひとつの阿武隈川流域では下流部で合流する支流と、上流部の支流とでは、棲息するイワナのタイプがまったく異なる。下流部で合流する白石川水系の七ヶ宿ダム上流の魚はエゾイワナ系が多いが、本流上流の安達太良山から流れ出す五百川水系の源流部の魚は濃い着色点をまとっている。

このように、太平洋側では阿武隈高地を飛ばして那珂川～鬼怒川付近にエゾイワナ系とニッコウイワナ系の境界帯があること。北上川水系では大支流の上流域はほぼ日本海側と同列タイプ。日本海側では最上川水系以南の河川上流部や支流部には外観的にニッコウ系、日本海イワナと呼ばれるタイプが多数派を占める。阿武隈川流域は支流ごとに変化に富んだ魚体が見られ、独自の分布状況にあることが推測できる。

いずれのエリアも遺伝子解析のデータが不足しているため、系統の違いを充分に推測できないことが残念である。これまでのデータではｍｔＤＮＡにおいても太平洋側と日本海側では全体的な傾向が異なること。太平洋側では北上川と阿武隈川が流入する仙台湾付近で関東と東北の魚が混ざり合う傾向があること（荒雄川流域など）を確認できるが、阿武隈川水系の遺伝子解析データが皆無のため、他水系との比較ができないままだ。

そして日本列島は東北と関東の境目付近で、フォッサマグナという巨大な断層跡に突き当たる。

（上）北上川水系雫石川上流竜川のイワナ。岩手の山奥の渓で最もよく目にするタイプである。うっすら着色点が入っているのは、古いグループの生き残りなのか、河川争奪によって日本海側から侵入したイワナ集団の影響を受けているからなのか。雫石川水系上流を竜川と二分する葛根田川源流部のイワナたちは、さらに明瞭な着色点を有している①（下）岩手県北端の太平洋流入河川上流部の支流に棲むエゾイワナ。エゾイワナらしいクラシックな装いだが、この川の水系には複数の支流にムハンイワナが出現する③photo：田中篤

白神山地のイワナは概ねこんなタイプである。大きな個体群で変異は少ない。釣れども釣れども同じタイプばかりだ。現在では世界遺産に指定された赤石川源流部で、地元の目屋マタギの老人から暗門川へ抜けるルートを教わったが、見事に道に迷った。移動ペースや時間に対する感覚がアスリート級なので、自分の体力では通行不可能なルートだったのである②photo：飯倉良明

三陸海岸の広田湾に流入する気仙川はダムのない清流である。学生時代にフライフィッシングを覚えたのもこの川だった。三陸の川は上流へ行くほど斑点が小さくなる。学生時代は着色点のことなど気にもかけなかったが、最近訪れたら意外に着色点のあるタイプが多いことが分かった⑤

（上）岩手山。この山が見えると、岩手県に来たことを実感する。岩手県最高峰(2038m)、日本百名山にも数えられる名峰は、どの角度から眺めても美しい山容を楽しませてくれるランドマークだ④（左）唐草模様が薄めのカメクライワナ。ムハンイワナも同一河川に棲息している。今では水量が減って、棲息の確認が何年もできていないという。そんな厳しい環境だからこそ、こうした特殊なタイプが出現するのかもしれない photo：斉藤祐也 三陸小河川

以前は2時間歩いて出かけた山奥の小さな池だったが、30年ぶりに訪ねたら林道が整備されていて、徒歩15分で到達できた。イワナは丸々と太っていたが、便利になったぶんだけ魚が減っていたことはいうまでもない。孤立した水域なので、大学の研究室にサンプルを渡してmtDNA解析を行なったが、国内で最も多いHap-3だった

学生時代、青春を謳歌した三陸の渓。週に10日以上釣りに出かけ、魚に学び、釣りを覚え、フライを巻いて過ごした日々。水産学部の3年間の経験は、今でも役に立っている

（右）東北のイワナには見えないが、遠野市を流れる猿ヶ石川の小支流には背中の白点がほぼ消失したヤマトイワナのようなタイプを稀に目にする。現地に詳しい知人によると、遠野には知られざる在来個体群を育む小渓流がひっそり残っているそうだ。半世紀前から足しげく通っているのに、そうしたエリアの存在に気づきもしなかったことを後悔している⑦（下）北上川水系、和賀川の小支流最源流部のイワナ。複数色の斑点が散りばめられているだけでなく、頭部にも明確な斑点が入る。なぜそこだけ違うのか、どんな理由があるのだろうか⑧

（上）雄物川水系上流部支流群のイワナも黄色～薄い橙色の着色点を持つ個体をよく見かける。グリーンタフ(緑色凝灰岩）の混ざる河床は明るめで、体色も淡い色調の個体が多い⑨（右）新緑の季節の風物詩、湖畔の水没林。雪解け水で水位の上がったダム湖などでよく見られる。秋田の秋扇湖を通過時に車を停めて撮影したものだが、独特の水色は実は酸性水で生物の棲息には適さない。このダム湖で中和処理をした水を下流へ流している（下）強烈な色合いのカメクライワナ。紋の乱れは唐草模様というよりナガレモンイワナ的。着色点が滲んでつながっているようすに特異性を感じる。私自身、何度も足を運んだことのある川で釣れたというが、自分ではこれに似た魚さえ釣れたことがない。ちなみにカメクライワナは背中から体側にかけて唐草模様が浮き出る斑紋変異で、山形県や岩手県の小渓流で棲息が確認されている。遺伝子の表現型ではなく、固定された斑紋パターンともいえないので、姿を見る機会はめったにない。今後の研究に期待したい　photo：田中慎吾

雄物川のイワナと比較して有意な違いがあるとは思わないが、米代川水系支流の源流部の小さな沢には、斑点が丸く大きめで明瞭なオレンジ色の着色点が入る個体を見かける機会が多い。整然と並んだ大きな着色点が美しい⑩

（上）庄内地方では上半部の斑点がやや小さく密になり、側線下にピンク系の着色点のあるタイプをみかけるようになる。新潟県にかけてその傾向はさらに強まるが、信濃川水系を過ぎるとピンク斑点はほとんど見かけなくなる。稲村彰郎博士が定義したC型イワナという概念も捨てきれない⑪（左）秋田、山形の県境を跨いでそびえる鳥海山(2236m)。裾野が広く美しい独立峰だ。30代の頃は新潟経由で鳥海山を取り巻く渓流群によく通った。それほど釣れた記憶はないのだが、7号線を走りながら展開する海と山の風景が美しく、気持ちのよいところだった。たくさんの楽しい思い出が詰まった山である⑫（右）庄内の渓流は小さいながらも箱庭のような景観を見せてくれる。苔むした岩石群は水量や流路の安定を物語る。源流部の標高が低いので、雪代が収まるのも早い。毎年のように河川を変えて歩き回っているが、入渓が容易なところが多いため、魚資源の減少が気がかりだ

鳥海山麓から流れ出る日向川水系のイワナ。典型的な日本海イワナだが、外観の特徴からはニッコウイワナに分類される。この場合は日光イワナではなく、日向イワナとしたほうが正しいかもしれない⑬

(上)庄内地方には特殊斑紋変異のカメクライワナを産する渓流群がある。出現率はおそらく個体群の1%程度なので滅多に出会えない。これまで3個体のカメクラでmtDNA解析したが、すべてHap-7だった。(下)最上川水系の大支流源流部には、流域全体が産卵適地のような小渓流が散在している。養魚場並みの生産力がありそうで、魚影も養魚場並みである。種沢としての染み出し効果も高い

(上)上顎が欠損した狆頭（ちんとう）イワナと呼ばれる奇形魚。昭和の年代の人たちには「山親父」といった愛称のほうが馴染み深いかもしれない。隔離集団から出現する近交弱勢の症状といわれるが、ヤマメを含めて渓流魚には一定数出現する　(下)三陸海岸流入河川の最上流部に棲息するイワナ。黄色～オレンジ色に染まった腹部の色合いが、白点を着色点のように見せているパターンかもしれない。源流部の狭い渓谷は日照時間が短く、暗くなりがちなため、体色自体がどうしても濃くなる

（右）阿武隈高地に連なる水系の最源流部には、頭部の斑点に特徴のあるイワナがよく見られる。支流ごとに出現パターンが微妙に異なるのが興味深い⑭
（左）阿武隈水系の支流源流部、黄色味の強い着色点が特徴の個体。水系、山系によって着色点の色合いにも特徴が現われる⑮

左が日本海流入河川の阿賀野川水系⑯、右が太平洋流入河川の阿武隈川水系のイワナ⑰。着色点の彩度に差はあるが、特徴的にはほぼ同じである。それぞれの源流は福島県内で接近していて、河川争奪が行なわれた可能性が高い。特に阿武隈川水系でこの色が出るのは、自分の知る限りこの川だけである。福島県の内陸まで降りてくると、ここまで特徴的な色が入ってくる。淡い色調のエゾイワナの面影はもはや幻である

エゾゴギの渓

鉄砲水

その渓はいつも水が少ない。自宅から数100kmも離れた場所なので、天気予報を気にしていても、正確な雨量を把握できないまま出発することになる。雨後をねらっているつもりだが、天気予報はいつも外れている。現地に到着して、降っていないことに愕然としながら、痩せ細った流れを前に立ち尽くす。これから起こるいつもの現象を甘んじて受け入れる覚悟でロッドを継ぐのである。

だからといって、あきらめて帰るようなことはしない。気を取り直して釣り上がると、予想どおり足元からビュンビュンイワナが走る。最初の1尾が走ると、周囲の魚が次々にパニック状態に陥って一目散に上流へ向かって走り去る。上流にいた魚たちはパニックの余波を受け、逃げ場を求めて下流に向かって走ってくる。すると今度は最初にパニックに陥った魚と同じく、人間を見て再びパニック状態になって走り回る。これの繰り返しでポイントは数秒で潰れる。イワナを釣りに来たのか、脅しに来たのか、頭が混乱する。そのうえ、いかにも釣れそうな水深のある早瀬や淵には魚が入っていない。なぜか魚たちは浅い流れ出しや岩盤の際にユラユラ浮いて、こちらの気配を察知するのに都合のよいところを好む。渇水で警戒心が強くなったイワナたちは、逃走の準備に余念がないのである。

釣り人を思いのほか疲弊させる。疲労で根気と集中力を失った釣り人は放心状態になる。これは魚に対する実質的な敗北宣言といえよう。水さえ増えてくれれば、こんなことにはならずに立場が逆転するはずなのだ。

ある年の9月の終わり、禁漁を間近に控えた時期にこの渓を訪れた。やはり長期間降雨がないようで、酷い渇水状況だった。そこで下流部をパスして森の中の踏み跡を2時間ほど歩いて源流部へ向かうことにした。

秋晴れの空の下、うっすらと色づいた森の雰囲気が素敵で魚もよく釣れた。上流部は谷間が狭くなり、適度な落差が出てくるため、ポイントも小さく限定される。魚を走らせずとも余裕でポイントにアプローチできるから、安定した釣果を得られるのだ。

ところが、よい気分で釣りを楽しめたのは午前中までだった。昼過ぎから天気が急変して、上空に暗雲が現われ雨が降ってきた。待望の雨じゃないか、これで魚たちの活性がさらに高まる……と浮かれまくっていたのも束の間。それどころではない勢いで大粒の激しい雨が降り出した。両岸が迫っている区間は、急激な増水が発生することが充分に予想できた。すぐにロッドを畳み、退渓できそうな斜面を見つけて谷底を逃れた。

何とか踏み跡まで這い上がり、地図アプリで現在地を確認しながら下流へ向かって歩き始める。雨は激しくなる一方で、雨具など用をなさない。霧が立ち込め、視界が悪くなってきた。急がねばならない状況だったが、地面の

30年近く前からこの渓のイワナのことをずっと気にしていた。最近ようやくほぼ全流域を遡行できたことで、あらためてこの渓のイワナたちの特異性に気づいた

表面はシルト状の砂で、水を吸って滑りまくる。往路では水が涸れていたいくつもの沢筋がすべて濁流と化し、迂回を強いられる。そんなことを繰り返すうち、とうとう道に迷った。地図アプリをチェックしながら進行方向を保持していたのに、沢を迂回するために回り込んだ山の斜面で方向感覚を失ったのだ。既視感を覚えて地図を確認すると、尾根をグルリと回りこんでついさっき通過した地点に立っていた。落ち着け、落ち着けと自分に言い聞かせるのだが、入渓時に通過したルートの記憶が浮かんでこない。本流筋に戻って位置を再確認すると、車まであと1kmほどだった。過去に何度も通過しているルートなのに、景色がまるで違って見える。本流は怒涛の鉄砲水状態で、黒く濁った水で膨れ上がり、地獄の相を呈していた。濁水が運ぶ冷気の中に、土や灌木の生臭い匂いが混ざっている。不吉な雰囲気に悪寒が走る。GPSのタイムラグを感じる地図アプリを一度落としてしばし休憩。頭の中をフォーマットする必要を感じた。

川と山の位置関係や記憶を辿りながら冷静にルートを探すと、10分もしないうちに復帰できた。それなりに緊迫した場面だったが、地図アプリに頼るのはあまりよくないことを悟った。紙の地図とコンパスを使っていた時代の経験に助けられたが、久しぶりに遭遇した危機的状況だった。自然界を甘く

見てはいけないと、今さらながら痛感した出来事だった。

強烈な斑紋を刻む魚体

そんな目に遭ってまでたびたび出かけるのはなぜかといえば、この渓には独特の斑紋を全身に刻むイワナの一群がが棲んでいるからである。元来、コンディションのよいイワナは、ベースとなる体色と斑点や虫食い模様のコントラストが強く出る傾向がある。まるでタトゥーを施したように、くっきりとした模様が刻まれているようすがみて取れるのだ。通常、こうした特徴は全個体に対してそれほど高くない確率で現われるが、エゾイワナ系ではその頻度が高く、ほかの水系でもこうしたタイプが比較的多く見られるのも事実である。しかし頭部やエラまで、隙間なくびっしりと刻まれた個体の出現率が90%を超えるのは、この渓だけだ。初めて実物をみたら、ほとんどの人が目を丸くするだろう。写真で見るよりもはるかに強烈な印象なのだ。東北地方なので仮称として「エゾゴギ」と呼んでいるが、集団の特徴の把握や遺伝子解析を進めていけば、特異性が認められるかもしれない。

そんなわけで、数年前からアブラビレのサンプルを集めて研究機関

エゾイワナは頭部に太く明瞭な虫食い状の斑紋が入るのはけっして珍しくない。北上川の右岸流入河川の源流部には、同様のタイプがよく見られる。この渓の特異性は、その出現率の高さと斑紋の明瞭度である

エゾゴギの渓に隣接する河川のイワナは典型的なエゾイワナの外観を持ち、頭部に明瞭な斑紋が入る個体は稀だ

へ提供してきた。少し前にその中から2個体ではあるがｍｔＤＮＡのcytochrome b 領域の全域解析の結果が出てきた。実はこの渓の流れ込む水系では、過去に数本の支流に棲息する個体群のｍｔＤＮＡの部分解析が行なわれていた。その結果では、在来個体群から出現したハプロタイプはＨａｐ-7、Ｈａｐ-11、Ｈａｐ-30の3つと推定されている。今回の解析結果では1個体がＨａｐ-30、ところが滝上の源流域でサンプリングした1個体からＨａｐ-5のＮｅｗ……新しいハプロタイプが検出された。水系内全体でもＨａｐ-5の検出記録はなく、少々辻褄が合わない結果になった。地形的に見て、過去の河川争奪で分水嶺を越えて侵入してきた異系群が源流部に生き残り、生命をつないできた可能性は充分に考えられる。分水嶺の向こう側の個体群に関する資料は一切なく、比較のためには時間と手間がかかるのが残念だ。あるいはこれもまたミトコンの不一致で片づけられてしまう現象なのだろうか。

独特な外観を持つこの渓のイワナと、突然出現した新型ハプロタイプの相関関係は不明だが、どのような理由でこの渓の個体群が存在しているのかは、今後の調査で解明していくしかないのである。

利根川水系吾妻川支流、白い岩盤上に浮かぶイワナを探してサイトフィッシング

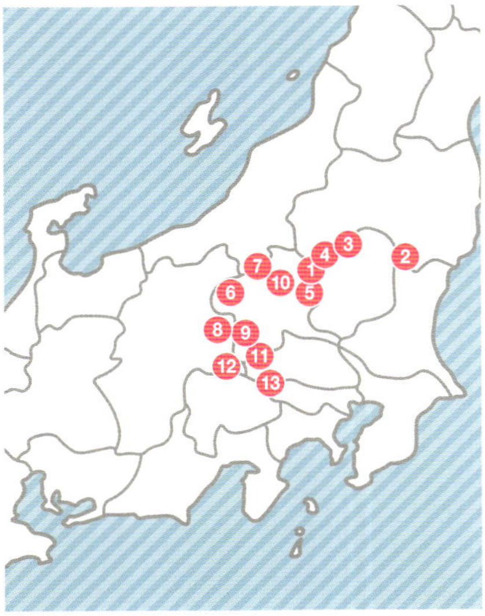

関東エリア

フォッサマグナとニッコウイワナ

「大きな溝」フォッサマグナ

引用元：糸魚川ジオパーク　フォッサマグナと日本列島

イワナの祖先たちが日本海や日本列島周辺の海域を利用して自由に泳ぎ回っていた時代、いくつものグループがフォッサマグナ（大地溝帯）周辺で遭遇を重ねてきた。そのなかで、北関東の河川上流部に定着したグループが、現在のニッコウイワナへと連なる系譜を受け継いできたのではないだろうか。遺伝的にも外観的にも異なるグループが出会い交わることを繰り返し、複雑な血縁関係を築き上げながら、その後の厳しい環境変化に適応して現在まで生き抜いてきたのである。

日本列島を東西に真っ二つに引き裂き、現在の関東地方の位置に大きな深い溝を形成していたフォッサマグナが存在していたことは地質学的に証明されている。日本海の形成に関与し、多くの海洋生物の通路として利用されていた。陸の生物にとっては、移動を妨げる境界線にもなっていたことだろう。しかしいつの年代にどんな状態でどのくらいの期間、どんな変化を繰り返しながら、どのようにして６０００ｍを超える深さの大きな溝が埋められたのか等々、いまだにその真相は突き止められていない。

フォッサマグナ西端はユーラシアプレートと北米プレートの境界線である糸魚川〜静岡構造線といわれている。ところが東端に関しては、地溝を埋めた大量の堆積物が邪魔になって地下の探索が不可能だという。最も有力視されているのは、日本海側の新潟県柏崎市から谷川岳の西側を通り、千葉市の東側で太平洋へ抜ける柏崎〜千葉構造線という説だ。このラインは概ね現在の利根川の流路にあたることも興味深い。また、酒田市付近から米沢市〜猪苗代湖東岸〜棚倉〜久慈川の流路に沿って太平洋へ抜ける棚倉構造線という説もある。

地学は学生時代から苦手で、興味を持って参考書を手に学びを試みることもあったが、ひとつの学説に対していくつもの異なる見解が示されていることが多く、混乱することが多かった。それは言い訳で、やる気のなさの表われにほかならないのだが、結局何もし

鬼怒川産のニッコウイワナ。関東の人間にとっては馴染み深いタイプで、昔からイワナといえばこんなタイプだった①　photo：yotch

棚倉構造線上を流れる久慈川産のイワナ。この付近の地層は古く、フォッサマグナの影響を受けていない。着色点のある個体が少ないのは、太平洋側を南下してきたエゾイワナ系グループを祖先に持っているからなのかもしれない②　photo：岡田修

那珂川水系も北方系のイワナのグループが比較的最近まで往来していたと思われる。本流筋や大きな支流のイワナはエゾイワナの外観を持つタイプが多い。久慈川水系、那珂川水系ともにmtDNAはきれいにHap-3である③　photo：つり人

ないまま時間を無駄にしてしまった。しかしここにきて、イワナの進化や分布を巡って日本列島の形成史と向き合う日が来るとは思っていなかった。

それでも数年前、あることをきっかけに少ない知識を引っ張り出しては必要な情報をネットで集め、この時代のイワナたちの行動について仮説を立ててみることにした。そのきっかけになったのは、群馬県利根川上流の谷川岳や武尊山といった岩峰を連ねる山々から流れ出す川のイワナの斑紋が、ほかの水系とは少し違っているように見えるのはなぜなのか……という疑問だった。柏崎〜千葉構造線がフォッサマグナの東端ならば、現在の地形では利根川支流の湯檜曽川や薄根川や片品川の一部支流は、直接海に流れ込んでいたことになる。つまり、フォッサマグナが埋まって利根川の流路が形成される以前に入り込んでいた古いグループの末裔が細々と残っているのではないかと想像したのである。

フィリピンプレートに乗っていた伊豆半島の原型が徐々に移動して本州に激突したのが約100万年前といわれている。その衝撃で富士山や丹沢半島の隆起が始まり、現在の関東山地が島となって洋上に顔を出した。フォッサマグナの概念図によく見られる地形変化の顛末である。このころすでにイワナたちはフォッサマグナの周囲の陸地から流れ出す河川に遡上していたのではないだろうか。現在フォッサマグナ周辺の古い地層を流れる川に棲息するイワナのmtDNAは、秩父山地の荒川水系でHap-3から1塩基離れたHap-22、天竜川もHap-22、そして群馬県内の烏川水系や片品川水系の一部支流もHap-22と共通している。とはいえ、ひとつの集団が別の集団と交わることなく棲息を続けていたとは考えづらい。フォッサマグナが埋まって、新たな河川ができれば、そこを通って新たなグループが侵入を試みたことだろう。それでもHap-22のグループが残ったのは周囲の古い地層の浸食が大きく、急勾配の河川上流部に入り込んだ集団が完全陸封された可能性が高い。秩父山地は石灰岩やチャートの岩峰が連なり、谷川岳は世界的に有名なロッククライミングの聖地である。武尊山も同様の岩峰で、古い地層であることが知られている。

現在の関東地方の利根川や荒川の上流部に棲むイワナたちに関しては、こうした仮説で説明できるが、鬼怒川や渡良瀬川、そして那珂川といった大河川ではまた違った歴史があり、興味深い。それぞれの河川には違った地タイプの遺伝子型が見られるし、そう単純な進化を遂げてきたわけではない。関東地方という狭いエリアでも、壮大な歴史が刻まれているのだ。

腹部全体が赤く染まった珍しい魚体。渡良瀬川最上流の支流に棲むイワナである。mtDNAはHap-30で、東北地方太平洋側の宮城県あたりに散在するハプロタイプだ。再現性を確かめたいと思い、自分自身でサンプリングに出かけ、12個体のアブラビレを持ち帰ったのだが、あろうことかすべて解析不能という結果に終わった。イワナの皮をまとった別の生きものでもあるまいに……　謎は深まるばかりである

（右）鬼怒川水系男鹿川にはきれいな着色点の入ったニッコウイワナが棲息するが、一部の支流には着色点がまったく入らない集団が見られる。希少集団として、現在では禁漁区に指定されている④（左）渡良瀬川上流も柏崎–千葉構造線の外側を流れていたため、古くはフォッサマグナに直接流入していた可能性がある。足尾鉱山上流部の支流群には、現在も在来小集団が残されている。足尾漁協の英断で、近年すべての支流にC&Rが設定された⑤

上下ともに利根川水系吾妻川支流のニッコウイワナ。吾妻川は渋川市で利根川右岸に流入する一大支流で、上流部には草津や万座といった大規模な温泉街が点在する。そのため温泉成分の強酸性水が流入して、魚類の棲息が見られない河川も多い。しかし水質の保たれた支流筋に、細々と命をつなぐ小集団が残っていることがある。それらの外観は多様で変異幅が大きい。利根川左岸流入河川とは遺伝子型が異なるが、充分な調査はいまだ行なわれていない⑥

標高の低い里川、ギリギリの環境で生き抜いているイワナ。ムハンイワナも報告されている川なので、個体群にボトルネックの時期があったのかもしれない。斑点が小さく、着色点のない変わったタイプである

神流川本流筋源流、御巣鷹尾根直下の禁漁区から少し下ったあたりの流れに棲むきりっとした風貌のニッコウイワナ。上野ダムが完成した頃は、ダム湖脇のバイパス水路を通って上流部の水と一緒に魚も下流部へ落ちていた。ところが東電がその流路に突然小さな発電所を建設してから魚の供給が途絶えた。そのため現在の本谷では、このタイプの在来魚が見られなくなってしまった⑧

神流川中ノ沢支流の源流部に棲むイワナ。分水嶺の向こうは秩父の荒川水系という流れだ。斑点が小さく、背部の模様も細かいのが特徴の集団だ⑨

本文で説明したように、フォッサマグナに直接流れ込んでいたことが推測できる河川のイワナ。これはそれほどアクの強くないノーマルタイプのニッコウイワナ

片品川本流筋のふっくらとした魚体のニッコウイワナ。頭部に刻まれたクシャクシャッとした細かい虫食い模様が特徴⑩

唐草模様は薄いものの、これはどうやらカメクライワナである。棲息河川は鬼怒川水系の某支流。鬼怒川水系のカメクライワナを見るのは初めてである。カメクラはムハンイワナとセットでいることが多いので、それもぜひ確かめていただければと思う　photo：yotch

水源付近が岩峰の山々では、雨量による水位の変動が大きい。少量の雨で一気に増水するし、数日雨が降らないだけでも減水してしまう。過酷な環境下では酸素不足や高水温への耐性が高まり、無慈悲な命の選択が粛々と行なわれる。そのかわり、厳しい棲息条件を克服して生き抜いてきた魚たちは強く逞しい。そうやって選び抜かれた個体にのみ、次世代を担う能力が与えられるのである。禁漁期を迎えた秋の沢へイワナたちの産卵行動の観察へ出かける。産卵が佳境になる前なら、やる気満々の魚から食欲に抗えない魚まで、各々がそれぞれの気分で行動しているようすを窺える。ライズしている魚に惹かれるのは釣り人の本能なので仕方ない。撮影に釣りの楽しみを転嫁させてしまうのだ（下）新緑の上州武尊山。学生の頃から何度も登山に出かけているが、登山時に晴天に恵まれたことが一度もない。武尊山から流れ出す川は、尾瀬へ抜ける登山道沿いに流れる片品川本流筋とは違ったタイプのイワナが棲む⑦

イワナの場合、斑点の大小や着色点の色合いや有無、パーマークや背中の斑紋の相違が外観上の基準になる。上下の画像ともに利根川水系のイワナだが、斑点のようすがまるで異なる。亜種内の変異幅が最も大きいのがニッコウイワナなので、判断に迷ったらニッコウ系としておけば無難な回答になることが多い。どちらの魚も放流の可能性は捨てきれないが、共通の集団内の魚ではないので、ニッコウイワナの変異幅として受け入れるしかないのである

年を追うごとに落葉が遅れ、森の緑が勢いを止めない。8月のお盆を過ぎる頃になれば、北関東の標高1000m付近では秋の気配を感じたものだ。今では9月を迎えても夏が居座っている

（左）素晴らしい魚体の秩父イワナ。渡良瀬川水系上流部の支流のイワナと模様や雰囲気が似ている。ある研究論文では、荒川水系のイワナが現在の棲息河川に定着したのは、更新世後期(約12万年～1.7万年前)という解説があった。まだ関東平野の北端あたりまで海だった時代から、徐々に海岸線が南へ広がっていた時代である。それ以前にもイワナは棲んでいただろうが、定着という点では、この頃だったのかもしれない⑫　photo：H.IIMORI
（下）多摩川のイワナはヤマメと共に比較的早い時代に人工養殖に成功したため、放流種苗として全国に出回っていた経緯がある。白点の形やサイズに乱れのある少し変わったタイプだ。支流の丹波川ではHap-7、Hap-14という日本海系の遺伝子型が確認されている⑬　photo：園原徹

（上）相模川水系のイワナ。斑点が細かいのが特徴。遺伝グループ的にはヤマトイワナに属すはずだが、外観的にはニッコウ系と判断するしかない。遺伝子が４亜種の分類と一致しない典型例　photo：山本勝教（右）奥秩父荒川水系の黄金老イワナ。棲息地の環境色がこのような色合いを創出する。立派な尾ビレが印象的だ⑪　photo：轟崇弘

利根川水系の特殊斑紋イワナ

A　唯一無二の特殊斑紋。整った大柄な天目模様と、灰白色と橙色の大きな斑点を配した希少なタイプ。この個体はオスで、秋に産卵行動の観察に行ったときにはCタイプのメスとペアを組んでいた

愚行

いつの世も、自分の偏見や世界観に溺れて軽率な行動を取る人は一定数存在する。群馬県の利根川水系のとある渓に棲むイワナたちは、近くの水系のイワナと外観があまりにも違いすぎるため、「鬼」とか「モドキ」といった蔑称を与えられ、一部の釣り人による駆除活動が2000年代から定期的に実行されてきた。しかもホームページで協力者を募り、計画的な駆除活動が数年間に渡り続けられていたというから驚きだ。一方、そうした行為に疑問を持つ方も当然一定数いたようで、駆除する前に研究者のアドバイスを仰ぐべきとの声が上がり、2010年頃にようやく群馬県水産試験場にこの渓のイワナたちのアブラビレ切片のサンプルが持ち込まれた。

幸運にも全国のイワナのmtDNA解析データ収集が進行していたこともあり、県から国の研究機関に送られたサンプルの解析結果は意外に早く出た。そしてmtDNAシトクロームb領域の部分解析からHap-22というハプロタイプがすべてのサンプルから検出された。これは関東地方に広く分布する遺伝系統であり、同水系の近隣河川に棲む在来集団からも検出されている。これでこの渓の特殊斑紋の魚が遺伝子的には普通の「イワナ」であったことが認識された。その結果を受けて、駆除活動は沈静化したといわれているが、いまだに「鬼退治」の名目で出没する釣り人が後を絶たないらしい。差別と偏見による愚行のツケが収まる日は来るのだろうか。

私自身がこの事件とその顛末を知ったのは2019年の禁漁期に入ってからだった。地元にいながら、しかも水産関係の人たちとも多くの交流を持っていたというのに、まったく情報が伝えられていなかったことに大きなショックを受けた。後日談によると、水試に勤務する人間が実際に現場へ出向いたのだが、指定された地点に水がなかったので、そのまま何もせずに帰ってきたそうである。また、河川の生物調査でこの渓に出向いた知人もいたが、やはり水がなかったため、魚類の棲息はないと判断したことがあるという。

実際、一定区間を除いてこの渓の水は途切れている時間のほうが長い。過酷な環境が結果的に隔離集団を温存する役割を果たしていたのである。自分としては、こうした集団の存在やその周辺で起きていた出来事に気づけなかったことが痛恨の極みである。灯台下暗し、県外にばかり目を配って行動していた期間が長すぎた。人生において、これ以上の後悔はないかもしれない。

保護へ向けた活動

この渓へは高速道路を利用すれば、自宅から約1時間で行くことができる。

A　頭蓋骨奇形を患った魚と同一個体である。目の位置が左右で違うことに気づいて、自分の目がおかしくなったのかと思った。捕食に積極的な個体で、私に3回、その他2名の友人たちにも釣られていた。この模様は一度見たら忘れられない

そこで２０２０年から２０２３年にかけて15回ほど出かけた。水量差が大きい渓で、水枯れ状態のときは釣りにならないため、出かけるタイミングが難しい。それでも１００尾以上のイワナ画像を残し、遺伝子解析用に約20尾分のアブラビレ切片を研究機関に提出した。

現段階では詳細な解析データは発表されていないが、ｍｔＤＮＡの全域解析ではＨａｐ-22 Ｎｅｗという結果になり、特異な集団であることが示唆された。さらにマイクロサテライトの５つのマーカー解析により、ブルックトラウトとの交雑の可能性を調べたが、この渓のイワナと共通するアレル（対立遺伝子）は検出されなかった。かくしてこの渓の特殊斑紋イワナの小集団は、隔離が進んだ貴重な在来集団である可能性が限りなく高まったのである。

２０２１年～22年には群馬県水産試験場による現地調査が行なわれ、河川データや特殊斑紋のイワナ集団について基礎的な知見収集を試みた報告書が提出された。

こうした実績を積み上げ、水産行政も管轄漁協に対してこの渓のイワナの特異性や希少性を進言してきているが、残念ながら２０２４年秋の時点では何も動いていないし、動こうとする気配すら感じない。国民共有の財産でもある希少な資源は野に晒されたまま現在に至っているのは残念だ。というのも、管理の実態は思わしくなく、２０２１年の10月に産卵状況の調査に出向いたときには、キノコ採りを装ってイワナを捕獲していた密漁者2名を発見。すぐに警察へ通報したところ、素早い対応で数名の警察官が駆け付けてくれた。密漁者対策の監視強化だけでなく、禁漁区間やＣ＆Ｒ区間の設定等、広域な周辺環境の保護・保全活動に着手していただけることを心から願っている。

天目イワナ

この渓の特殊斑紋イワナを表現するにあたり、「天目イワナ」という呼称を選ばせてただいた。特殊斑紋の特徴が、曜変天目という国宝にも指定された陶器の模様とよく似ていることから、リスペクトの意味も含めての命名である。地域の地名などを入れることも考えたが、過去に商業用の養殖イワナに使われた経緯があり、誤解を招くと判断してあえて使用することを避けた。

ここからは私自身のデータから天目イワナの集団の状況について解説していこう。

この渓には天目模様のイワナだけが棲息しているわけではなく、普通タイプのニッコウイワナ系も共存している。固定された特殊斑紋ではないが、ムハンイワナやカメクライワナのように集団内における斑紋変異の出現率は低くない。

河川は本流の出会いからは傾斜の強い岩盤地帯が数ヵ所現われ、小滝を経て数１００ｍ上流の魚止め滝までの数

AB　端正な模様の天目イワナだが、見慣れてくるとこれが普通に見えてしまう。斑点はそれほど不揃いではなく、並び方も整然としているのでAよりのABタイプとした。コンディションのよさが伝わる健康的な魚体で

kmが棲息流域である。この区間全域に、写真に示したように多様で斑紋の変異幅が大きいタイプが共存している。ここでは便宜上、斑紋変異をA～Eの5つに大別した。瞳の直径よりも大きい斑点を多数含み、その並びが全体的に不規則なタイプをA、大型斑点が並ぶAよりは斑点の平均サイズが小さく、比較的規則的に斑点が並ぶタイプをB、細かい斑点が全身にびっしり入るタイプをC、一般的なニッコウイワナのタイプをD、着色点が皆無なタイプをEとした。AとEを較べればまるで別種だが、それぞれのタイプはグラデーションで変化する。出現比率は概ねA：B：C：D：E＝1：2：3：3：1といったところだ。この割合は親魚の組み合わせや産卵への参加数によって大きな変化がありそうだ。産卵状況を見る限り、雌雄ともに同じ外観の魚を選択してペアを組んでいるようには見えず、一定数のスニーカーがペアの後方に待機している。基本的にはB、C、Dが集団構成の中心を担っているようだ。

棲息区間最上流部数100mがほぼ完全な隔離区間で、このわずかな区間で生き抜いてきた魚たちが特殊斑紋を描く能力を保持しているようだ。本流筋には大量の渓流魚が放流されているが、平水時は合流点付近の水は枯れている。さらに岩盤帯が強固な障害となって遡上が止められるため、上流部個体群と放流魚の交雑は不可能に近い。

隣接河川や周辺河川にも足を伸ばして外観の特徴を確認した。背部の斑点が円形ではなく小さなワーム状に細長く密になるのは、利根川水系のイワナではよく見られるタイプだ。ほかの河川ではA、Bの両タイプはまったく見られず、C、Dは水系内のほかの河川で普通に見られた。着色点のないEは、隣接する河川等や同水系でもわずかに見られた。したがってこの河川独自の斑紋変異と呼べるのはAとBである。これらが全体の30％程度未満、全身が強烈な天目模様に覆われる特Aタイプの出現率は10％以下と思われる。

また、隔離による近親交配が避けられないためか奇形魚の出現率がひじょうに高い。脊椎の異常や湾曲は他河川でときどき目にするが、頭蓋骨の歪みはあまり見かけない。また、斑紋の一部が委縮して模様のパターンが崩れている個体が多く見られる。そのほか、背ビレの前軟条がくの字に曲がっていたり、胸ビレ腹ビレが左右対称でなかったり、さまざまな奇形と思われる形質が観察できる。厳しい環境と近交弱勢を表わす現象ではないだろうか。

いくつもの偶然が重なり、このような隔離集団が出現した。その奇跡を見過ごし、放置したままでよいのだろうか。公私を問わず水産業に携わる組織の無関心な対応を思うと、やり場のない無力感に襲われるのである。

（上）AB　天目イワナの特徴に、頭部までびっしり模様が入っていることがある。ゴギのような斑点ではなく、細い虫食いが迷路のように入り組んだ独特の模様である（中）AB　いくつかの斑点のサイズと形を除けば、普通タイプに見えないこともない。しかし頭を整理してよく見ると、やはり不思議な天目模様だ（下）AB　頭部の微細な迷路模様、大きめの着色点を並べたAよりのABタイプ

（上）A　サイズや色調の異なる斑点がここまで隙間なく入る個体は珍しい。稀少な特Aタイプである（下）A　蒼白色の大きな斑点を大胆に並べたAタイプ。腹部末端まで細かい斑点がびっしり入っている。Aタイプでは角度によって背ビレや尾ビレにも斑点や模様がくっきり浮かび上がることがある

BC　奥の個体はC、手前がCよりのBといった感じ。これらも大型個体だが、釣り人が多く恒常的にナーバスな状態。休ませてあげて，たっぷりエサを食べてほしい

B　背ビレ基底部後方に大柄な着色斑点を並べたタイプ。単純にAとCをかけ合わせればBが出てきそう。大型化する個体はBとCが圧倒的に多い

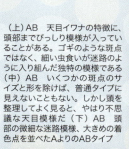

D　外観的に最もニッコウイワナらしいのがDタイプである。すべてのタイプの起点はここにあるのかもしれない

C　利根川水系では普通のタイプだ。利根川上流域の本支流では、斑点を隙間なく均等にびっしり蓄えたタイプをよくみかける。これらの斑点が集合しては離散して、天目を作り上げているのかもしれない

CD　これかくらい斑点の間隔が広がると、もはや普通のニッコウイワナだ。CよりのDといった印象である

E　最源流部の魚なのだが、モノトーンで着色点さえ見られないEタイプ。この渓ではむしろ珍しいのだが、周辺河川でも必ず見られるタイプである。まるで激化する天目模様を緩和する役割を担っているようだ

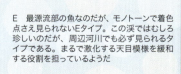

頭部がここまで歪んだ状態で成長した珍しい個体。力強い生命力を感じる

背ビレ後部付近の脊椎骨が部分的に押し込まれ、寸詰まりになった個体。尾柄部付近が波打つように変形した個体もときどき見かけるが、生存には不利に働くのではないだろうか

斑紋の部分委縮が起こるのは、概ね背ビレ直下の上半部である。成長のストレスや遺伝子の書き換えが起こりやすい箇所なのだろうか

これも同水系支流部最源流のイワナ。この水系で最もポピュラーなタイプ

天目イワナが棲息する隣を流れる河川のイワナ。頭部の模様など、何となく共通点や面影があるものの、これ以上の変異はない。最源流まで、このタイプで集団がまとまっている

一山超えた隣の大支流、最源流部のイワナ。天目イワナの棲息する渓と、源頭部の距離では最も近い。そこにEタイプとよく似た着色点のないイワナを見るという偶然、あるいは必然的な不思議

同水系下流部の支流のイワナ。斑点が密になれば、そのままCタイプになりそうだ

信濃川水系雑魚川の夏、川霧を貫いて朝日が射し込む。イワナたちが動き始める時間

中部・北陸エリア

日本海沿岸の多様なイワナたち

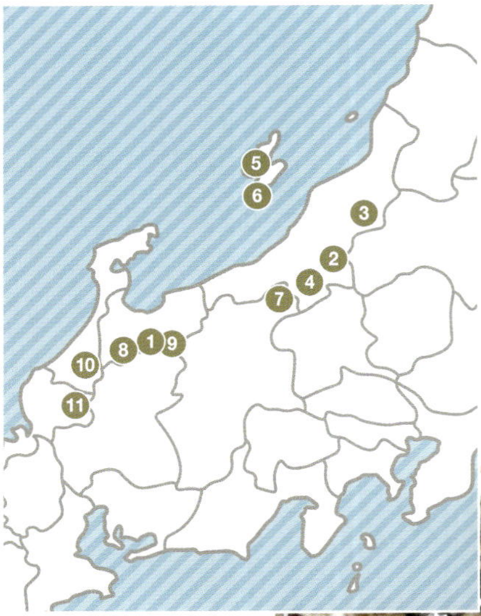

体側から背面に散らばる小さな白点とその密度や明瞭度、側線周辺の淡い着色点の色合いや濃度等々、北陸から東北日本海側の広い範囲でよく見られるタイプだ

中部地方を中心としたエリア分けは難しい。最近は従来の8地方区分の分け方ではなく、甲信越、北信越、中京、関西といった区分名も聞かれるので混乱する。ここではあくまでイワナの外観を見ることを優先して、中部地方を日本海側の北陸と太平洋側の東海に分けることにした。そのため、日本海と太平洋の両側に流れ込む河川を持つ長野県と岐阜県は、次項の中部・東海エリアと重複することをご了承いただきたい。

日本海側を南下してくると、阿賀野川水系あたりまではイワナにそれほど大きな変化は見られない。ただし、最上川水系あたりからエゾイワナから逸脱したタイプの割合が増えてきて、信濃川に至ると背面の白点が消失したヤマトイワナ系（日本海ヤマト）タイプが混ざり始める。たとえば千曲川水系では、背部に白点を持たないタイプのイワナ出現率が約25%という報告がある。さらに信濃川以西から富山湾手前あたりまで、似たような傾向が続く。富山湾流入河川では、琵琶湖流入河川や山陰方面グループの遺伝子の影響が強くなり、福井県に至る河川では琵琶湖流入河川源流から河川争奪で進入したタイプが多く見られる。また、ピンク斑点が目立つタイプは信濃川以西ではほとんど見られない。

中部・北陸エリアはフォッサマグナ西端と隣接しているため、関東地方同様その影響を受けている。北アルプスの渓で時々見かける日本海ヤマトは、フォッサマグナから北アルプスに入り込み、北アルプスの隆起と共に閉じ込められたらしい。北アルプスは200万年で1700m隆起し、3000m級の山々を10峰も抱えている大山脈だ。外観的特徴が太平洋側のヤマトイワナとよく似る日本海ヤマトはHap-17というハプロタイプを持つ。これは琵琶湖流入河川系Hap-19から1塩基離れて派生した遺伝子型である。

また、北アルプスの核心部、長野と岐阜、富山の県境付近では、木曽川水系のイワナとの河川争奪があったかもしれない。激しい造山活動に伴う地形変化は、河川の流路を変えて他水系のグループとの交流を促したり、陸封の時間や進化の方向性にも影響を与えた。仮説というより妄想じみた発想かもしれないが、イワナたちが海と大地に翻弄されながら生き抜いてきたことは確かである。

（上）常願寺川水系真川源流のイワナ。ニッコウイワナというより、自分の意識の中では典型的な日本海イワナの特徴を備えたタイプである。背部の細かい虫食い模様、明瞭で大ぶりの着色点が美しいネイティブチャーである①

（左）見事なピンク斑点を並べた信濃川水系魚野川支流のイワナ。日本海イワナ独特の色合いだ②　photo:：田中篤
（下）新潟県北部の独立小河川源流部のイワナ。体側上半部の白点は縁取られ、ひじょうに目立つ。このタイプは成長しても白点が残り続ける。成長とともに白点が消失する日本海ヤマトとは真逆の性質が興味深い

新潟県北部の独立小河川に棲むイワナ。美しく澄み切った水がイワナたちの肌を磨き、ピュアな赤が尾ビレやアブラビレを縁取っていたりする。ところが、このあたりの川には昔からイワナが棲息していないことになっている。実際には伝聞だけで調査の記録なども無く、真実は時の流れに埋もれたままだ

天目イワナに似た斑紋変異を示す個体。皮膚に付着した円形の物体は、チョウモドキという寄生虫である。阿賀野川水系早出川源流は「ガンガラシバナ」という巨大な岩盤に囲まれた渓谷である。極端な岩盤質の川は産卵適地が少ないことが多く、多重産卵が行なわれる確率が高まるため、遺伝的傾向が偏りやすくなることが推測できる③　photo：つり人

魚野川水系上流部の支流源流部のイワナ。外観はまったくヤマトイワナだが、遺伝的な特異性は見い出せない。信濃川水系イワナの幼魚時代は背中にしっかり白点が残っている。それが大型化するに従い徐々に消えていく。この魚は優に尺を超えるサイズだが、25cmくらいまでは白点の痕跡が残していたのではないかと思われる④

（上）斑点の配色、配置が芸術的な佐渡島のイワナ。外海府のイワナは概ねこんなタイプが多い。ピンクの斑点は朱鷺色イワナと呼ぶにふさわしい色合いであるmtDNAはHap-5だった⑤（下）頭部までしっかり模様の入った佐渡島真野湾流入河川のイワナ。外海府の魚とはやはり違った印象を受ける。ゴギの系統ではないかと思ったら、本当にHap-1のゴギ系、というか西中国山地系に近いタイプだった。距離的には離れているが、分布の方向的には説明がつかないこともない⑥

（上）全体に淡いパープルの色味が施された雑魚川上流のイワナ。オレンジ点も美しく上品だ。この未来に託したい天然の宝石である（左）長野県志賀高原を流れる雑魚川は、過去から現在に至るまで、イワナの放流履歴が一度もない河川である。つまり棲息する全部のイワナが在来魚、天然魚なのである。志賀高原漁協ではC&Rや尾数制限を課していないのに、全長制限を20cmに定めるだけでイワナの資源量が充分に維持されている。放流費用がかからないから、遊漁料金は今どき1日550円と良心的な設定。放流に関わる経費や人件費が省かれれば、釣り場の運営費用に多くは必要ないのである。効率的な資源管理手法という点では、多くの漁協に参考にしていただきたい⑦（下）雑魚川の支流は資源保護のため禁漁区が設定されているが、満水川は途中までは釣りが可能な区間が残されている。それだけに人気もあって、シーズン中は釣り人が絶えないが、禁漁区からのしみ出し効果もあって、魚影は充分に保たれている

着色点が滲んで流れる不思議な雰囲気を持つイワナ。パーマークの散り方が琵琶湖系の影響を受けていそうな感じもする⑧　photo：sindsound

北アルプスの高山地帯から流れ出す川のイワナたちは、エラブタから胸ビレが常に黒っぽい色調になっている。白点の少ないタイプで黒部川水系産。遺伝子的にはmt-Group C⑨photo：sindsound

（上）北アルプス釣行時、大豪雨に見舞われ下山。行き場所を失ったので常願寺川の大瀑布「称名滝」を見に行ったら、増水時だけに見える落差500mのハンノキ滝と涅槃滝まで拝観することができた（下）神通川水系蒲田川源流から北アルプスの山並みを眺める。年に一度は重たいバックパックを背負って出かけたいエリアだ

兄弟のように姿や表情がよく似た魚たちだが、いずれも日本海ヤマトイワナが出現する川の支流部源流に棲息する個体。上流へ行くほどサイズに関わらず白点の消失率が高く、パーマークと背中の斑紋を比較的はっきり残すタイプが多い。個体群は安定していて、流域には産卵適地も多く、効率よく自然再生産が行なわれているように思えた。時間の関係で最源流まで到達していない。近いうちに魚止め直下の魚をぜひ確認してみたい

日本海ヤマトの渓は多様なタイプが見られる。白点は幼魚時代には全個体に一様に見られ、成長に伴って徐々に消えていくようだ。早いもので15cm、遅いものでは30cmを越えても白点やパーマークを残す個体もいる。25cm前後まで成長すれば、80%が白点を消失しているように思う。上の画像のように、25cmほどの個体でも、パーマークと白点をはっきり残すタイプがいる。下の画像のように、ほとんどムハンイワナ状態になっている個体も見られる

この渓の日本海ヤマトイワナには、口先が紅を指したように赤い個体が一定数見られる。けれどもこれほど艶々した黄金色の個体は10%もいないので、釣れたときは大感激なのだ

同一河川に棲息する普通タイプのイワナと日本海ヤマトの比較。河川によっては日本海ヤマトが集団の５割以上を占めることもある。
10年以上前、この川のイワナを28個体mtDNA解析していただいたが、Hap-1とHap-17の2つのハプロタイプを確認できた

かなり早い段階で白点が消失したと思われる日本海ヤマト。成長に伴い、無斑化していくようなタイプに思える

頭部に斑紋がなく、ツルッとしていて可愛らしい。九頭竜川水系のイワナはこんなタイプが多く見られる⑪

（左上）白山山系から流れ出る手取川水系のイワナ。この個体も背部に白点が少なく、ヤマトイワナのように見える。この水系のイワナは富山湾流入河川よりもさらに琵琶湖流入河川系の影響が強く、遺伝子型はHap-19とHap-17が主流になっている⑩（右上）ムハンイワナを産する蛇谷は禁漁設定されているが、本流筋に落ちてきたムハンが時々釣れることがあるという。水系全体は北陸の貴重なイワナ資源エリアで、遺伝的多様性も高い⑮　photo：マムウ（下）岐阜県庄川水系大白川支流のイワナ。斑点が不揃いなタイプが棲息する支流へ入ったが、普通タイプが釣れただけだった

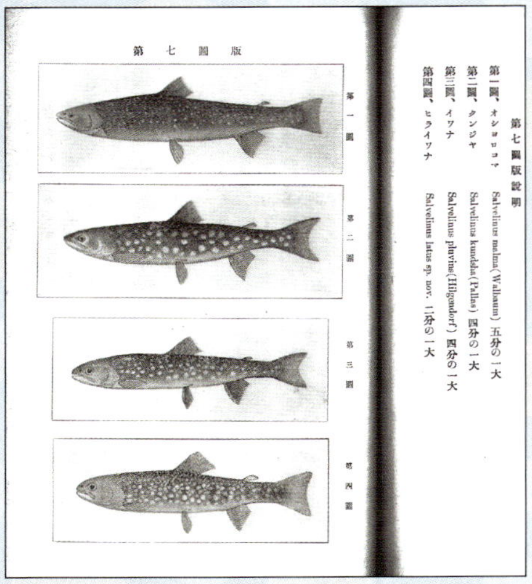

生物のスケッチ画は精密に描いたり、情緒的に表現する必要はない。対象物の構造や特徴的な形質を、分かりやすく描くことが大切である。にしても、論文内の説明とは裏腹に、白点のサイズがクンジャやイワナと同等だ。現実の魚体との対比は難しそうだ

ヒライワナという謎

100年前の新種報告

ヒライワナというイワナをご存じだろうか。100年以上も前に、〝Salvelinus latus sp.nov〟という新種として報告された記録がある。

「色彩はホルマリン漬のものを見るには背は茶褐色にして腹部は極めて薄き桃色を呈す體側（体側）に多数の白色の斑點（斑点）ありその最も大なる斑點の直径は眼孔の約半なり、此の點は脊に行くに從って小となり殊に體前半部の背面に於ては雲紋状の波形を呈す背鰭の基部も紋状をなす。胸鰭は一様に褐色を呈し腹鰭及び臀鰭はその先端の部分褐色なり、脂鰭の縁邊と尾鰭の先端は體と同色なり。」

この一文は1918年、水産學會報に掲載された「本邦産イワナ属魚類」という報告書からヒライワナの外観的特徴を説明している箇所を抜粋したものである。

さらに……。

「標本は體長五寸三分及び五寸のもの二尾にして體側に14個餘のparr markあり、新潟縣能生産のものとして野中小平氏の採集せられたるものなり。本種は脊椎骨及び鰓耙の少数なる事によりてオショロコマと區別し、背に雲紋状ある事白點の小なる事、上後頭骨(Supraoccipital)の前方に隆起せし部分なき事によりてクンジャと區別し、體高の大なる事、基鰓骨上に歯なき事等を以てイワナと區別す。」と続く。

100年以上前の文章ゆえ、漢字と文体が当時のままだが、とりあえず内容は理解できる。それにしても、生体の確認をせず、ホルマリン漬けの2尾の標本を調べただけで新種報告したのだろうか。数値化できる形質（各ヒレの軟条数、側線鱗数、鰓耙や幽門垂の数等）は他種と重複するのが普通なので、決め手にはならない。パーマークは14個余り……この数値は多いほうだが、パーマーク数は個体差があるので、より多くの個体から平均値を求めるべきだ。体色に関しては変色している可能性が高いホルマリン標本で判断するのは無理がある。そもそもこんなタイプ、日本海側に普通に見られそうだ。佐渡島から北陸の海域に流入する河川には、小さい白点のイワナをよく見かける。ちなみに標本産地は新潟県の能生川との記述がある。魚体のスケッチは、味わいがあるものの正確性に欠ける。標本の保存状態によっては、描きようがないこともあるだろう。また、当時はオショロコマとイワナの違いについてもよくわかっていなかった。「クンジャ」はロシア語のアメマスを差す言葉である。

大島正満博士は自身のイワナの分類方法を提唱する際、ヒライワナについて言及している。ヒライワナは外観の特徴や各形質がニッコウイワナと共通しており、別種とすべきではなくシノニム（学名の異なる同一種）として扱うべきとの見解を示したのである。

そんな経緯もあって、取材時に話題になっても、あまり関心を持てないままやり過ごしていた。あまり重要視する気になれなかったのである。

北陸の渓へ

2024年の7月、富山からの帰り道で、ふとヒライワナのことを思い出した。そういえば能生川周辺の北陸の川へは何年も行っていない。能生川へは40年以上前に何度か訪れていたが、当時はテントを担いでもカメラは持たない純粋な魚釣り青年だったため、記録は何も残っていない。現在では度重なる大増水と土石流のため、能生川源流部のイワナは絶滅状態だと聞いている。魚影の多い川ではないが、サイズはよかった。岩盤の脆く、何度か危険な目にも遭った。釣りの最中に目の前の崖が崩れ、巨大な岩石が頭上をかすめてプールへ落下。凄まじい着水音10m近く跳ね上がった水飛沫に驚いて、その場でしばらく固まっていた記憶がある。

それにしても、本当にイワナが絶えてしまったのだろうか。確かめたい気持ちは強かったが、単独で入渓するには無理なエリアであることは分かり切っていた。そこで以前から気にしていた能生川近くの独立河川へ立

ヒライワナという名称と存在を抜きにしても、北陸方面の周辺河川のイワナとは一味違う外観である。着色点はないが、全体の雰囲気としてはこんなタイプのイワナを指しているのではないだろうか　photo by S. Mikuni

ち寄ることにした。

連日の雷雨で川は水かさを増して、白濁した流れが水辺の草藪を呑み込んでいた。蒸し暑く、谷間の空気はよどんでいる。かなり上流まで川沿いに林道が通っているのを地図で確認していたが、最近は崩落の危険性が高い林道は整備が追いつかず、手前からゲートで通行止めになっていることが多い。とりあえずは入り口にゲートはなかったが、イワナ域まで上がれなければ引き返そうと思って荒れた林道を慎重に走った。

大きな堰堤をいくつか横目で見ながら悪路を進むと、やはりゲートに突き当たった。最終堰堤まであとわずかの地点で、イワナ域に入っているか微妙なところだ。とりあえず釣りはできそうだったので、ゲート手前に車を置いて釣り始めた。

規模的には中程度の川だが、思いのほか押しが強い流れだ。増水で川原を歩けないので、水没した葦際を釣り上がる。水量と濁りの状態から、ニンフに替えようか迷ったが、魚も急流を避けて流速が弱まる反転流に入っているらしく、大き目のドライフライによく反応した。写真を撮っていると急に空が暗くなり、上流の尾根の上空に稲妻が走るのが見えた。慌てて川を下り、林道を駆け上がって流れを見ると、あっという間に水位が10 cm以上上がっていた。

30分ほどの釣りだったが、3尾のイワナが釣れた。そのうちの1尾は、グレーにパープルを混ぜたような色調の腹部で、その色合いがグラデーションでパーマークと一体化したような不思議なタイプだった。体色自体は茶褐色というより濃いめのベージュ系。側線付近の斑点は淡いピンクだが、斑点は細かいとはいえない。どう見てもヒライワナの特徴を有しているとは思えないが、これはこれで充分に個性的だ。ほかの2尾は白点が小さく密に散らばっているが、北陸では凡庸なタイプに見えた。放流履歴は不明だが、上流の個体を確認したかった。とはいえ土砂降りの雷雨から逃れることを優先しなければならない。荒れた林道を来たときよりもさらに慎重に運転しながら、下山を急いだ。

その後、このあたりに詳しい富山の友人に依頼して、私が入れなかった区間を釣ってもらった。上流部は想像よりも勾配がきつく、棲息区間は限られるのではないかとの感想をいただいた。水槽に入れて撮影された魚体の写真を見ると、ヒライワナのイメージと重なる部分が多かった。細かく密な白点、淡いながらも雲紋状の模様が背中に入っている。パーマークがきっちり14個だ。着色点はなく、全体的な印象は下流部の普通タイプと共通していた。そして釣れた魚のすべてが同様の特徴は有していたという。これらのイワナが1918年のホルマリン標本個体と一致するかは分からない。天気のよい日に、もう一度出かける価値はあると思った。疑心暗鬼に駆られながらのイワナ釣りも、新しい何かと出会えそうでわくわくするのである。

下流部の個体群はこのタイプがオーソドックスなのかもしれない。斑点が密でパーマークも多いが、他河川の魚と比べて特殊とはいえない

（上）背面の斑点が密なタイプといえば、佐渡島で出会った画像左側のイワナだ。右側は佐渡のイワナの基本形だが、この違いは同一集団内の変異幅で個体変異の範疇になる（左）1尾目に釣れた個体の側面画像。明瞭なパーマークと背中の斑紋、ピンク系の色合いが入った体側の着色点が特徴。むしろこのタイプのほうが珍しい

富山湾流入河川のそれほど標高の高くない支流群でよく見かけるタイプ。多数の白色点、背面の雲状紋と聞いて連想する魚体はこんな感じ

天竜川水系伊那谷へ流れ落ちる支流、先人たちが歩いた杣道も今は昔

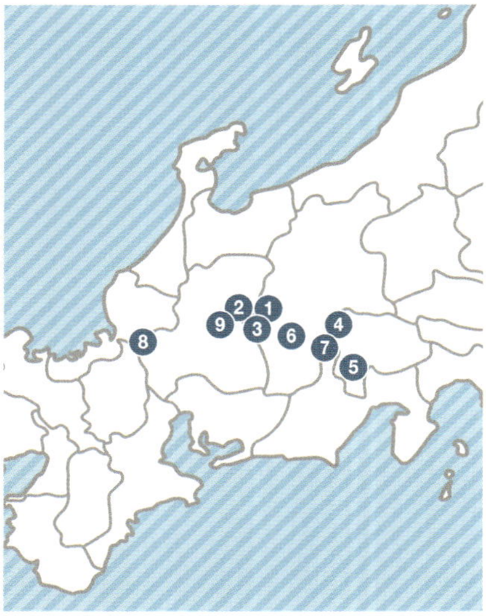

中部・東海エリア

ヤマトイワナの聖地を巡る

霊峰御嶽山。国内有数の山岳信仰の山である。2014年の大噴火には驚かされた。噴石の恐怖を改めて実感させられた噴火だった。現在では周囲の河川に流入していた火山灰の影響も薄れ、平静を取り戻している②

白い斑点をいっさい排した漆黒の背中を見せたかと思えば、ときには不規則な斑紋を全身に描いたり、ヤマトイワナは多様な風貌で私たちを魅了する。詫び寂びの美学を彷彿させる妖しげな雰囲気は、日本人の美意識に強く訴えかけるのかもしれない。

常に瀬戸際と背中合わせの棲息状況も、マニアックな釣り人を熱狂させる要因のひとつなのだろう。

海と川を利用して勢力を維持する北日本のイワナたちに較べれば、ヤマトイワナの資源量など手のひらに収まってしまうほど小さなものだ。しかし今回の岩魚曼荼羅の画像公募では、ヤマトイワナの応募数がアメマス・エゾイワナをはるかに上回っていた。関心の高さに驚きながらも、強い危機感の裏付けのようにも感じ取れた。

中部・東海エリアのヤマトイワナ棲息地には、これまであまり縁がなかった。木曽三川の木曽川、長良川、揖斐川の最源流には何度か足を運んだが、大井川水系には一度も行ったことがないし、天竜川下流部の支流群にも出かけた記憶がない。富士川水系は最近まで2〜3本の支流に入っただけだ。私の釣り人生はヤマトイワナの棲息核心部を完全に外していた。

中部・東海エリア内のイワナの分布に関してもフォッサマグナの影響は無視できないだろう。また、南アルプスの隆起もイワナ集団の分布や移動に関与していた可能性が高い。それは山梨県や長野県で顕著で、伊豆半島の衝突で発生した秩父山地との隙間を縫って西南日本系のイワナが北上して諏訪湖周りに進出したり、日本海方面から降りてきたグループが富士川の東側の支流群に入ってきたことが、遺伝子解析のデータからもうかがえる。

南アルプス一帯の急激な隆起が始まったのは、100万年前頃だった。その間、約4000m隆起して2000mの浸食を受け、元々の標高1000mに+2000mが追加されることで3000m級の山々が誕生した。現在でも年間4mmほど隆起が続いているというから、将来はさらに高い山脈が形成されるのだろう。

富士川支流早川上流の野呂川は、3000m峰が9つもそびえる赤石山脈から流れ出る有名河川だ。野呂川はヤマトイワナが棲息することで有名だが、白点を持たないタイプはそれほど多くない。放流があるとは思えない支流筋の源流に入っても、普通に白点を散りばめたタイプが釣れる。もちろん本流筋の魚は放流の影響を受けている可能性も高いが、白点があるからといってすぐ放流魚と決めつけるのは早計である。人間のリクエストどおりに分布は決めら

木曽川水系のヤマトイワナ。白点は皆無、パーマークの痕跡を残さないプレーンな背面、滲んだオレンジ点が印象的だ。恰幅のよいパーフェクトな外観である ①photo：田中篤

れていない。ｍｔＤＮＡの解析データでは、Ｈａｐ‐3という根源的なグループのハプロタイプだけが確認されている。南アルプスの隆起前に入って定着したグループの末裔が集団を構成しているのだろう。

富士川水系の多くの支流には、それぞれに特異なタイプのヤマトイワナが棲息している。いずれも隔離されたわずかな区間に残された希少性の高い個体群であり、それらの外観も個性豊かなタイプが多い。山梨県は釣り人を巻き込んだ渓流魚の生態調査に熱心なので、興味深いデータをいつも提供してくれる。

木曽川水系にはイワナの放流事業が始まって以来、他水系のイワナ種苗が大量に放流されてきた。雑種化は顕著で、元に戻ることはないだろう。それだけに残されたわずかな在来集団には国宝級の価値がある。木曽川のヤマトイワナはＨａｐ‐3から一塩基離れたＨａｐ‐36という原始的なグループから3塩基のミッシングリンクを経たＨａｐ‐28という特異的なグループである（ｍｔ‐ＧｒｏｕｐＡ）。ちなみに1塩基置き換わるには、1万年〜2万年が必要とされている。

長良川ではまったく状況が異なり、日本海側からの河川争奪による進入痕が色濃くなる。外観にしても、白点を持たないタイプの棲息率はあまり高くない。日本海系のニッコウイワナのような魚を見て、あっさり放流魚と判断する人が多いと思うが、長良川水系の在来イワナは白点を持つタイプが普通に見られる。

揖斐川まで来ると、伊吹山地や鈴鹿山地から河川争奪で進入した琵琶湖流入河川系のイワナが主流になる。現在は禁漁区の徳山ダム上流の源流部でテン泊したときの記憶では、釣りあげたすべてのイワナに白点や虫食い模様が入っていた。外観的にヤマトイワナに近いグループは下流部の支流に多いと聞く。

木曽三川はそれぞれが独立河川として太平洋に流入していた期間が長い。それがこのような外観や集団構成の違いを生み出していると考えるのが妥当だろう。

位置的に前後するが、大井川のヤマトイワナはパーマークがぼやけ気味で、着色点もふんわり滲んだタイプが多いという。ｍｔＤＮＡの遺伝子型はＨａｐ‐29で、木曽のイワナから1塩基離れたグループだ。ＪＲ東海のリニア工事現場付近のイワナは確実に希少な孤立集団である。

天竜川の諏訪湖周りもフォッサマグナ時代の影響もあって多様なグループが出入りしていたことが想像できる。天竜ヤマトのｍｔＤＮＡのハプロタイプはＨａｐ‐3、Ｈａｐ‐22が検出されているが、そのうちＨａｐ‐22は関東地方のニッコウイワナと共通していることが興味深い。

野呂川広河原山荘付近のイワナは、概ねこのように白点を散りばめたタイプだ。上流部にC&R区間が設定されて以来、しみ出し効果で魚影は安定している

南アルプスの宝物、富士川水系早川上流野呂川のヤマトイワナ。白点のない完全ヤマトである。両俣小屋よりも上流の個体だろうか④　photo：Shige-Cham-run

巨岩を配した野呂川の渓相は魅力的だ。広河原付近でも標高が1500mを超えるため、真夏でも強烈に冷え込むことがある

放流以前から白点のあるタイプはいたと聞くが、過去の放流の影響がどのように作用しているかは分からない。分布域ではヤマトイワナの棲息圏なのだが

富士川水系の東端付近の半湿原地帯に潜んでいたイワナ。3重くらいのレイヤーが重なっていそうな斑紋だ。どんな年月を厳しい環境で送ってきたのだろうか。遺伝子型はHap- 7のNew。イワナ街道夢の跡という感じ⑤
photo：田中慎吾

富士川水系の東端付近の半湿原地帯に潜んでいたイワナ。3重くらいのレイヤーが重なっていそうな斑紋だ。どんな年月を厳しい環境で送ってきたのだろうか。遺伝子型はHap- 7のNew。イワナ街道夢の跡という感じ⑤
photo：田中慎吾

このタイプも不思議な斑紋だ。斑点は成長すると消えるのだろうか。ヤマトともニッコウともいえないパラレルワールドの魚のようだ　photo：釣り好き親父

天竜川水系の花崗岩質の渓で育ったいわゆる白ヤマトと呼ばれるタイプ。異次元の透明感にドキドキする魚体だ。おそらく私も何度か足を運んでいる渓のイワナと思うが、ここまで色白美肌は見たことがない⑥　photo：原信幸

（右）長野県内の天竜川支流のヤマトイワナ。ヤマトイワナの棲息圏に見られる斑点のほとんどないノンスポ(ノンスポット)の系統だろうか。以前、ムハンイワナが釣れたとの連絡を受け、画像を確認したのがまさにこの川のイワナだった。さらに斑紋が淡いタイプだったことを覚えている photo：pi_ro_shiki（左）静岡県の天竜川支流のヤマトイワナ。右の魚よりは若干斑紋が浮き出て着色点も入っている。このあたりも自分にとって未知の領域。いずれは訪ねたい場所である　photo：pi_ro_shiki

（右）大井川水系のヤマトイワナ。白点のないプレーンな背中に細く淡く崩れた斑紋が味わい深い。光の角度を考慮した撮影角度も完璧である⑦　photo：中野修一　（左）うっすら見える白点と薄めの着色点を配した大井川水系のヤマトイワナ。個体差はあるにせよ、パーマークや斑紋の輪郭がぼやけ気味なのは、大井川水系のヤマトイワナの特徴らしい　photo：杉中沙樹人

（右）揖斐川のイワナは琵琶湖流入河川のイワナと遺伝的なつながりが深いという。mtDNAではHap-34が支流筋で確認されている。琵琶湖のHap-19から派生して3塩基離れているので、もはや独自の小集団なのだろう。ヤマトイワナの美しさが際立つ撮影手法に、イワナ愛が感じられる⑧　photo：SAKAI KEI（左）着色点が体側に大胆に広がる飛騨川水系のヤマトイワナ。飛騨川源流域も遺伝的構造は日本海系の影響を受けていると聞くが、そんな雰囲気はみじんも感じさせない見事なヤマトイワナである⑨　photo：tkm

釣り人の多い本流筋を回避し、放流アマゴの魚影が途絶えたあたりの小支流に入り込んで釣れたイワナ。幼魚時代の白点がほぼ消え、ヤマトイワナらしさが備わってきた個体

諏訪湖流入河川のイワナたち……諏訪ヤマト
諏訪湖は中央構造線とフォッサマグナの糸魚川静岡構造線が交差する位置に形成された断層湖である。諏訪湖から流れ出た水は天竜川となり、浜松市の遠州灘で太平洋に流れ込む。諏訪湖周辺はダイナミックな地殻変動が何度も起こったエリアであり、富士川水系や信濃川水系から河川争奪で諏訪湖へ入ってきたグループや、天竜川を遡ってきたグループとの交雑が何度も行なわれたことが想像できる。諏訪湖流入河川は31本あるが、イワナが棲息する河川はそう多くない。放流も行なわれてきたので、在来集団への影響は計り知れない。そんな状況の中、在来個体群が残る可能性の高い小渓流源流域を中心にイワナを探し歩いた。

同一河川のイワナ。(上)小さな渓の小さな集団だが、外観は意外に多様だった。細長いパーマークが印象的だ。(左)最源流の水源地付近の個体。パーマークや着色点はぼやけ気味ながら、この渓の基本形を示している

30cmをわずかに切るサイズは、渓の規模を考えれば上限ではないだろうか。それなりに貫録のある魚体である。上・下の画像は同じ魚の左右側面を撮影したものである。富士川水系のヤマトイワナを思わせるY字型のパーマークが見られるが、全体のイメージはやはり独特である

上下ともに前項の画像のイワナとは同一水系、別支流の諏訪ヤマト。特徴は概ね共通しいているが、着色点がやや明瞭で背中の斑紋が淡く少ない。肌艶はよく、元気に成長しているようすがうかがえる。

日当たりが悪く、日照時間が短い支流では、体色の色合いが濃い魚が多かった。体側後半のパーマークがばらけ気味で、細く切れた背中の斑紋が特徴的だった

伊那谷、天竜川左岸流入河川の天竜ヤマトイワナ。飯田市滞在中に偶然得た情報で出かけた小渓流だったが、幸運にもよい状態の河川だった。指定された区間よりもさらに上流の3本の支流に入ったが、河床や環境の違いが体色に反映されていた。上段の画像以外は比較的日当たりのよい支流の個体で、透き通るような白い肌の魚体が多かった。パーマークや斑紋がそれぞれの個体で特徴があり、多様な外観を楽しめた

これも伊那谷、天竜川左岸流入河川のイワナ。縞模様の魚体が珍しいタイプだ。釣れた瞬間は何が起こったのか混乱するくらい驚いた。上・下の画像は同じ魚の左右両側を撮影したものである。小さな白点が多く散らばるのが気になるが、これらは成長とともに消えていくのだろうか。放流履歴は不明なので調査が必要だ。この魚で20cm。25cmに成長した姿を見てみたい。白点が消えた姿を想像するだけでワクワクする

南信エリアで天竜川右岸に流入する支流に棲む白いヤマトイワナ。花崗岩質の白い河床に適応した芸術的な配色が与えられたイワナである。メジャー河川のため、かつてはニッコウイワナが放流されたり、最近では放流アマゴの勢いが増したりと、深刻な問題が山積している。けれども源流部は奥深く、テン泊しないと最源流まで近寄れない。強固な在来集団が残されているのか、昔ながらの白ヤマトが絶えることはない。せめて放流を止め、野生の個体群を残してほしい。上の画像の魚が典型的な白ヤマトと呼ばれるタイプ。赤いスポットやヒレがお洒落で可愛らしい。下の魚はやや茶色味が強いが、生活環境が変われば、そこに応じた体色に変化していくのだろう

魚類とは思えない知的表情を浮かべる天竜ヤマト。イワナのポートレート風写真である。実はこの魚、1ヵ月半で3回釣行して3回ともに私に釣られたという悲しい過去を持っている。最初に釣ったときよりも1.5cmも成長して、肌艶がどんどんよくなり、パワーも増している。もはやお互い他人と思っていないのか、どんなポーズでも取ってくれるのがありがたい

なまめかしく身体をくねらせるようすがイワナ好きには堪らない。ヤマトイワナのぬめぬめした肌艶も、撮影意欲を刺激する

ヤマトイワナと白点の関係について

＊日本産イワナに関する研究
大島正満　1961.
鳥獣集報, 18(1):1-70
＊淡水魚別冊「大島正満 サケ科魚類論集」より引用したカラー・イラスト

パーマークの上端がY字型に分岐したタイプが、さらに変異を重ねて収拾がつかなくなったようなイメージの魚体。脆弱な棲息環境は瀬戸際に晒されている

ヤマトイワナとは

本書の冒頭で紹介した論文に詳しい遺伝子解析による日本産イワナのグループ分けでは、ｍｔＤＮＡ解析によって3つのグループに分けることができたものの、一部を除いて4亜種の分布と一致する例は少なかった。その一方、核ＤＮＡによるＭｉｇ-ｓｅｑ解析では、5つのグループ分けが可能になり、それは従来の4亜種が示す分布域とほぼ重なった。特にヤマトイワナのグループは西部太平洋グループにすっぽり収まる結果となったが、ある意味これでヤマトイワナの希少性と存在意義が担保されたといえるのではないだろうか。ｍｔＤＮＡの解析が4亜種の分布状況を支持しなかった点については、これまでの解析データからも予想できることだった。それが証明されたことも大きな収穫だろう。ただし系統や進化を研究するうえでは、今後も重要なツールになっていくだろう。

さて、ヤマトイワナとはどんな見解のもとに、種（後に亜種）とされたのだろうか。ヤマトイワナの命名者でもある大島正満博士の「日本産イワナに関する研究（1961年）」に記されたヤマトイワナの成魚と未成魚の体色に関する説明箇所を引用すると以下のようになる。

「生活時の体色は上半身一様に帯蒼褐色で銀光を放ち、下腹部に近づくに従

富士川水系独特のY字型パーマークを配したタイプ。Yの上に丸っぽい斑紋が入っているので、人が万歳をしているように見える。側線の上下に白点が散らばっているように見えるが、成長の段階で淡い着色点に変化すると思われる

これらのイワナは20年ほど前、富士川支流荒川水系の在来個体群の調査河川で釣れた個体である。成魚のサイズでも普通に白点がある個体が多く、当時はヤマトイワナでもこんなタイプがいるのだなという程度の認識だった

い色淡く、腹面は白色を呈する。養魚に現われる灰白小点若しくは雲状紋全く消失し、側線上に並列するパールマークスも僅かにその痕跡を示すに過ぎない。体側側線の上下に鮮麗な橙紅点が散在する。背鰭及び脂鰭は一様に灰黒色。胸鰭、腹鰭、及び尻鰭は淡灰色で淡橙黄色を帯び、最前の鰭条は乳白色を呈する。尾鰭は灰黒色で外縁一様に淡紅色を帯びる。

体長３４２㎜、筆者が入手せる河川型イワナ中最大でものである。

本記載は昭和34年7月30日、岐阜県益田川支流山ノ口川に於て餌にて採捕せる雄魚による(雌魚は頭部少々短く、吻端鈍円形を呈する)。」

次いで未熟魚の体色の説明に移る。

「生活時の体色は上半部蒼灰色で、下腹部に向かうに従い色淡く次第に白色となる。側線上部に蒼白色の小点少数と同色の雲状紋とが散在し、側線に沿って十数個の蒼灰色のparr marksが並列する。腹側淡橙黄色を帯び、側線の上下に亘り鮮麗な朱紅色の小点が散在する。胸鰭、腹鰭、及び尻鰭は淡灰色で淡橙黄色を帯び、前縁の鰭条は乳白色を呈する。尾鰭は背鰭と等しく一様な灰黒色であるが、一様に淡橙黄色を帯び、上下両葉の外縁色は紅色が濃い。

体長１８２㎜。

本記載は昭和34年7月30日、岐阜県益田川支流山の口川にて釣獲せる2年雄魚による。」

富士川水系上流部支流同一水系のイワナたち。①、②は比較的下流の支流で釣れた魚。①見事すぎるニッコウイワナに衝撃を受けた。②別の支流の魚で、白点は多少あるがヤマトイワナらしい斑紋を確認できた。③、④は同一河川の魚。下流部は多くの白点を配したニッコウ系のイワナが見られたが、堰堤を越えるたびにイワナの白点が小さく少なくなり③タイプが多くなる。そして最終堰堤を越えた最源流の小さな流れで④が釣れた。白点は若干残っているが、１週間後には消えているかもしれない程度。同一集団内における段階的な外観変化としてとらえた場合、ひじょうに興味深い現象であった

さらに附記として、幼魚時代のパーマークと体の上半部に現われる灰白色の斑点と雲状紋は成長とともに消失するので分類上の特質とはならぬことが明らかなこと、さらに着色点の位置がニッコウイワナでは側線下部に数多く見られるが、ヤマトイワナでは側線の上下に整列していることなどを記している。また、氷河期の残存動物であることや、自然分布に関しても詳細な解説を行なっている。

　この記述を読み取れば、解説の基になっている成魚は雄の大型個体であり、生活時の体色という前提があることから、ホルマリン標本ではなく、生きて活動している生体サンプルなのだろう。もちろんこの魚1尾だけを見て結論に至ったとは思えないが、背中の斑点や雲状紋は消失している旨を記している。３４２㎜の大型ヤマトイワナであるなら、説明にあるとおりの魚体になることは容易に想像できる。

　未成魚の説明では、幼魚時代には側線上部に灰白色の小点が小数見られること。そして附記にはそれらは成長とともに消失するので、分類上の特質にはならないとしている。

　１８２㎜の未熟魚は、この年の秋には成熟して成魚になる。イラストではこのサイズでも白点が残っているように見える。成魚で説明されている個体は３４２㎜あり、その差は１６０㎜だ。この間、どれくらいのサイズで白点が完全に消失するのか、幼魚時代とはどれくらいのサイズの範囲を指しているのか、その点の記述はなく不明のままである。

撮影現場での体験

　木曽川水系の在来集団が残るといわれる沢では、20㎝を越えるサイズならば90％以上は白点が消えている印象を受ける。それ以外のヤマトイワナの分布域にある水系でも、基本的にサイズが大きくなるほど白点が見られなくなる傾向があるのは確かである。

　自分の経験では、8月頃の当歳稚魚（6～8㎝程度）を観察していると、パーマークは必ず見られるが、白点については見られない個体もいる。もちろん個体群によって違いは大きいが、どんな場合でも個体差はそれなりにあるということだ。また、幼魚から成魚に成長する期間のどこの段階で白点が消失するのか、これもまた個体差があることは確かである。サイズによる消失頻度などを調べれば数値化が可能かもしれないが、生きものの動態は人間の推測と一致しないことも多々ある。

　撮影の現場でよく経験することは、釣りあげた瞬間は背中に白点など一切見られないのに、撮影の準備でランディグネットや水槽に入れておくと、体色が徐々に淡くなっていく。それは酸欠等の身体的なダメージで生じる退色ではなく、周囲の環境色に適応するための変化である。白点がまったくないヤマ

上下の魚ともに富士川水系のヤマトイワナ。パーマークや背中の斑紋の輪郭がぼやけるタイプで、個体群全体にその傾向が見られる。河川によるささやかな特徴や変化・変異が、釣り人の興味や探求心を刺激する

トが釣れたと思っても、撮影の段階で明瞭な白点が浮かび上がってくることなど日常茶飯事なのである。釣れた瞬間の印象だけで判断したり、即座にリリースした場合、この変化には気づけない。キープする人がビクに入れたときでは、死亡した魚体同士が触れ合ったり、内側の素材に接触している箇所の変色が大きく、出血などを伴なう場合は急速な退色が起こるため、色彩の情報が失われてしまう。

ヤマトイワナと白点の関係性については、系統や系群による違いがあることが推測できるが、詳細な調査は行なわれていないのである。

撮影後にリリースした魚の残存率は高く、水から一切出すことなく対応すれば、生残率はほぼ100%である。調査で同じ魚を2ヵ月で5回釣ったことがあるし、3年連続で同じポイントで同じ魚を釣ったことがある。イワナは適水温さえ保たれていれば、かなりタフな魚だ。

ヤマトイワナの白点問題は、釣り人にとって永遠のテーマかもしれない。イワナのように基本的に単独で生活する魚はあらゆる局面で個体差が大きく反映される傾向がある。健康状態や成熟度が発色や斑紋の出現に影響することが考えられるし、個体群全体の傾向についてもよく観察する必要がある。この点を鑑みても、白点の有無だけで在来・非在来を判断するのは難しい。

こうした背景を考慮すれば、白点があるからといって、放流されたニッコウイワナ系の魚とのハイブリッドだと決めつけるのは危険だ。定説や先入観による考えには偏りが生じやすい。どうしても気になるのであれば、無水エタノールに保管したアブラビレの切片のサンプルをしかるべき研究機関に持ち込んで、解析を依頼すればよい。もちろん相応の理由づけは必要だが、イワナに関しては、複数のDNAマーカーによる判別が可能になりつつある。交雑の可能性を客観的に判断する前に、手荒な行為に及ぶべきではない。

有田川支流最源流部、一雨降れば鉄砲水が駆け抜ける

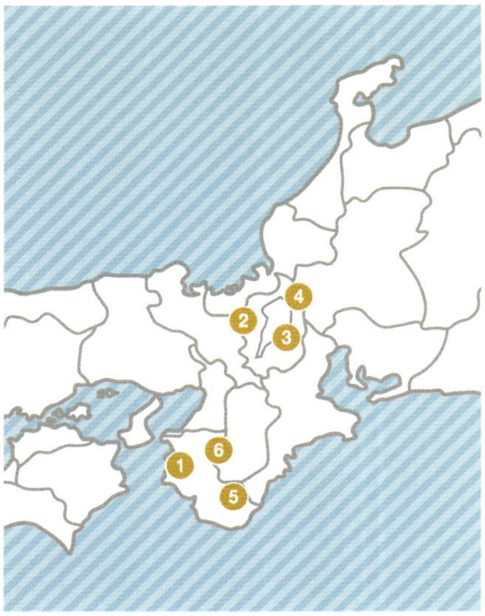

近畿エリア

琵琶湖流入河川と世界のイワナ南限棲息地

　近畿地方のイワナ棲息地といえば、琵琶湖流入河川と世界のイワナ南限棲息地である紀伊半島十津川源流弓手原地区が有名だ。実際には京都府の由良川源流、兵庫県では瀬戸内海に流れ込む千種川水系や揖保川水系、日本海に流れ込む円山川、岸田川、矢田川といった河川にもイワナの棲息が確認されている。また、三重県にも在来イワナの可能性が高い集団が存在するらしい。ただしいずれの河川も放流の影響や環境悪化、適切な管理が行なわれてこなかったという複合的な要因があり、瀬戸際の棲息状況だという。情報も集めづらく、岩魚曼荼羅の応募に際しても、これらの河川のイワナ画像は1～2枚しか得られなかった。

　30年以上前、京都府芦生の京都大学演習林を流れる由良川源流部へテン泊で入渓したことがある。画像は残っていないが、あまり特徴のない琵琶湖流入河川系や日本海型のイワナが釣れたことを記憶している。また一部の研究者が千種川に棲息するイワナの特殊性について研究しているが、その成果については2024年の段階では公表されていない。

　琵琶湖では多くの流入河川にイワナが生息している。しかし、琵琶湖固有のビワマスは有名だが、降湖型のイワナの話は聞いたことがない。安定した産卵適地の確保が難しいのか。あるいは降湖するまでの成長期間を過ごす河川環境が整っていないのか。ビワマスやほかの魚種との競合があるのかもしれない。いずれにしろ、琵琶湖の環境はイワナたちには厳しすぎるのだろう。

　以前から唱えられている説のひとつに、琵琶湖東岸流入河川にはヤマトイワナが棲息して、西岸流入河川にはニッコウイワナが生息するというものがあった。それを前提に10河川以上の琵琶湖流入河川を釣り歩いたが、どちらにも似たようなタイプもいて、結局のところ独自性しか感じることができなかった。そのことは後に、現在近畿大学水産学部に勤務する亀甲武志氏が滋賀県水産試験場に研究員だった頃に発表した論文によって検証された。東岸、西岸、ヤマト、ニッコウといった既成による論点ではなく、客観的な視点で地理的遺伝系統を調査研究したところ、琵琶湖流入河川のイワナたちはHap-19というハプロタイプを軸に、数パターンの遺伝系統が見出されたのである。研究成果の中にはいくつかの流入河川に出現するナガレモンイワナの研究も含まれた論文もあり、ひじょうに興味深い（参考文献参照）。

　奈良県のキリクチについては、2021年に発表された宮崎大学農学部教授の報告書に詳しく書かれている。世界のイワナ属の南限棲息地であるキリクチ棲息地は天然記念物に指定されてはいるものの、環境的には非常に厳しく、風前の灯状態である。もうひとつの棲息地の十津川支流の弥山川（禁漁区）では、ある程度の個体数が確保されているようだ。

　以前は和歌山県の日高川にもキリクチの棲息があり、絶滅の危機から救おうと努力した往時の研究者の奮闘記録が残されている（参考文献参照）。木曽川水系のヤマトイワナのオスをキリクチのメスにかけ合わせて受精率を各段に向上させたり、あらゆる手法を用いて涙ぐましい努力をしたにも関わらず、キリクチは絶滅を迎えることになる。放流がどれだけ空しい行為で、人間の思惑通りにかないことが、この頃すでに分かっていたのである。その過程は最近発表された論文「放流しても魚は増えない～放流は河川の魚類群集に長期的な悪影響をもたらす」の内容を示唆していたのだ。

　日高川のキリクチは本当に絶滅したのだろうか。研究者が自ら現場へ足を運んで調査した結果、絶滅を宣言したのだろうか。それはどんな調査方法だったのか。まさか電気ショッカーを担いで現場に入ったわけではあるまい。疑問は残るが、真実を突き止めるには時間が経ちすぎてしまった。

（上）キリクチは紀伊半島に広く分布していたといわれている。しかし相当な奥地にも放流記録が残されているので、現在棲息しているキリクチが本物かどうかはわからない　（下）姉川水系のナガレモンイワナ。もちろん禁漁以前に出かけたサンプリング活動時に釣った魚である。愛知川のナガレモンよりも紋の線が太いタイプが多い

東岸流入河川、愛知川水系に棲息するナガレモンイワナ。情報伝達の速度が飛躍的に向上した現在、インターネットを通じて欲しい情報をすぐに確認できるようになった。「ナガレモンイワナ」で検索してもかなりの数が出てくる。今まで眠っていた情報が公開されただけなのか、それともこのタイプの魚が増えているのか、どちらとも判断できないのが本音である③　photo：tkm

（右上）同じく琵琶湖流入河川に棲息するイワナだが、こちらは東岸流入河川の魚だろうか。パーマークと背部の紋が虎模様のように見えるのが琵琶湖系の特徴のひとつである　photo：中野修一（左上）これは一目でわかる琵琶湖東岸姉川のイワナである。姉川のナガレモンイワナ棲息河川に共存する、ナガレモンイワナではないイワナがまさにこれである。姉川のナガレモンイワナ棲息河川は禁漁になっているが、下流部の一般区に落ちてくる個体が時々見られるそうだ　photo：ななじら（右下）琵琶湖西岸に流入する安曇川水系のイワナ。タイプとしてはニッコウイワナで間違いないが、複数尾を確認してみないと傾向はつかみづらい②　photo：越智正博

奈良県五條市の十津川上流部。水の透明度は高いが、度重なる大出水で植林地の崩落が多く、河床は平坦化している。川沿いの林道を進んで支流に入れば、それなりに自然林が点在して景観もよくなる

紀伊半島十津川水系のキリクチ。地元の方ならではの情報で、こんな個体を見つけ出してくれるバイタリティには感心するばかり。
普通ならあきらめてしまうような棲息地に分け入って出会った貴重な魚なのだろう⑥　photo：みかん

十津川支流、舟ノ川のイワナ。知人の研究者から、十津川上流の支流筋、最源流部のイワナは在来の可能性がある……と聞いた。しかしあいにくの雨後で林道のゲートは閉じられ、時間の制約もあって下流部を釣ることになった。その区間は放流イワナとアマゴの混生域という話だったが、アマゴよりイワナのほうが多くて驚いた。タイプとしては一律にニッコウ系だった

紀伊半島でキリクチを探して歩いていた30年ほど前、こんな白点びっしりのイワナがときどき釣れることがあった。そのたびに、放流個体だと決めつけていたことを後悔している。遺伝子解析が身近になった現在、調べてみると在来の可能性が高いデータが出たりする。バイアスのかかった先入観で物事を決めつけるのはやめておいたほうがよさそうだ　photo：田中誉人

有田川支流源流域のイワナ。着色点が大きめで体側全面に広く散らばっている。ニッコウイワナ分布域でにときどき見られるタイプだが、紀伊半島にあっては放流の可能性が高い

紀伊半島熊野川水系のイワナ。白点が散りばめられたニッコウイワナ系のように見えるが、背部の紋の切れ方で西日本系のヤマトイワナに近い個体であることがわかる⑤photo：レトロ

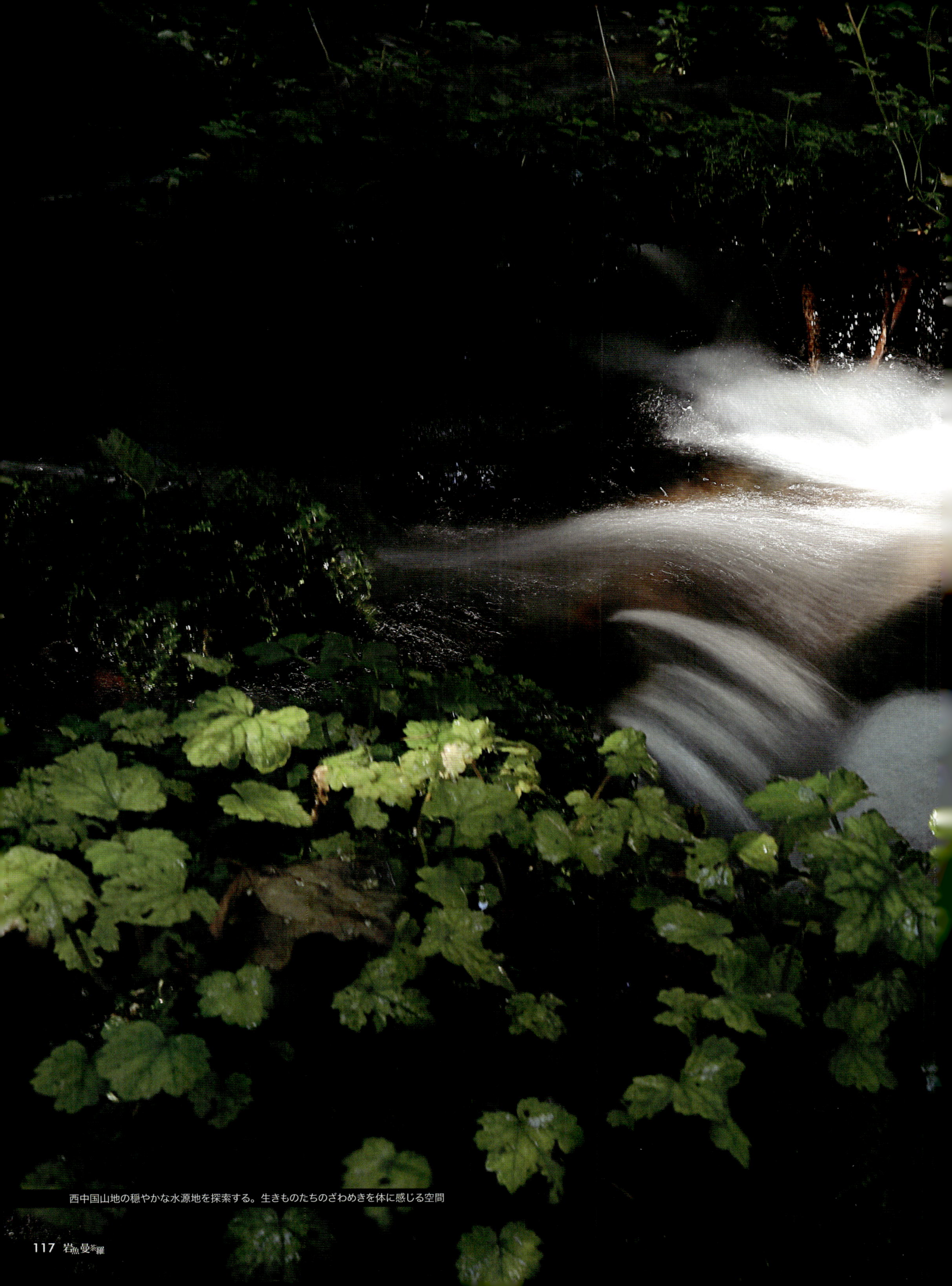

西中国山地の穏やかな水源地を探索する。生きものたちのざわめきを体に感じる空間

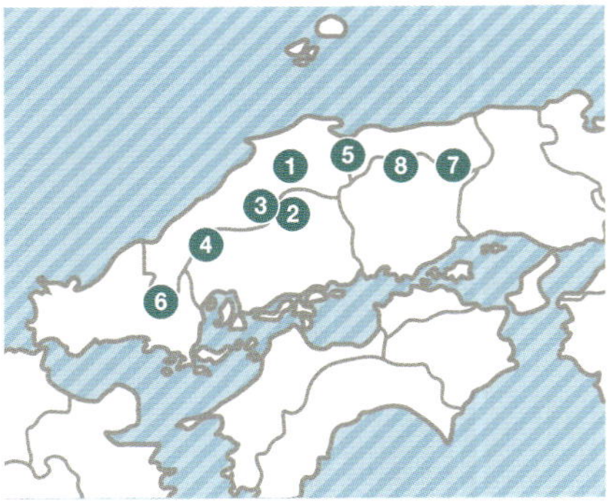

ゴギを育む山陰と山陽の小渓

中国山地は緩やかな山地だ。東西に500kmもの距離を伸ばす脊梁山地だが、脊梁部に連なる山々も標高1000m～1300mほどで、最高峰の氷ノ山でも標高1510mである。山地の中央付近の北側には、美しい独立峰の中国地方最高峰の大山（1729m）がそびえ立つ。

関東の感覚で中国地方の山道を走ると、急勾配の峠道の区間が少なく、あっという間に峠を越えてしまうため、距離や時間の感覚にズレを覚えることがある。そんな中国地方の山間部の渓流には、ゴギ、地域によってはコギと呼ばれるイワナが棲んでいる。ゴギの特徴は頭部に刻まれた明瞭な斑紋である。これはわかりやすく、誰にでも理解できる外観的特徴なので亜種扱いになった。また、イワナの斑紋変異をクライン（地理的変化）と一蹴した生態学者にも頭部斑紋の存在が一目置かれ、こちらでも亜種であることが認められた。つまり、イワナの体色が北方へ行くほど淡くなり、大型化するといった形質変化はほかの生物では一般的なもので、イワナもそれに準ずるという考え方である。確かに一面的には合致するかもしれないが、遺伝的な要素を含めたらそう単純なものではない。ところが、この頭部斑紋がさまざまな誤解を招いているのも事実だ。というのも、エゾイワナやニッコウイワナにも頭部斑紋が明瞭に出現する個体は普通にいて、特に珍しくもない。ゴギを見慣れている人ならば、ゴギの紋様をパターン化したり図柄に変換して記憶しているが、数値にはできないので説明するのが難しい。「東北でゴギ、釣りました！」といって、頭部斑紋の入ったイワナの画像をいただくことがあるのだが、「東北では広い範囲でこんなタイプ、たまに見かけますね」と答えることにしている。

分布に関しても、山陰側の大山以西の日本海流入河川の最上流……云々といわれてきたが、実際は広島県と島根県の県境山岳部一帯が棲息の中核で、そこを外れるにしたがってゴギの風情が薄れてくるように思う。大切なのは絶滅の危機にさらされている集団や希少な特徴を持つ集団を保護することで、ゾーニングなどの対応を行なっていくべきだろう。

近年、島根県は漁業調整規則における「ごぎ又はいわな」の全長制限をいつのまにか15cmから18cmに引き上げた。問い合わせてみたのだが「担当者がいないので……」という理由で詳細を聞くことができなかったが、これは近年稀な内水面水産行政関係者の英断であったと思う。各都道府県の漁業調整規則で定められた渓流魚の全長制限に確たる根拠はなく、慣例的に引き継がれているにすぎない。ゴギの18cmというのは絶妙で、ほとんどの河川でこのサイズは成魚である。必ず一度は産卵してもらおうという明確な意図が見て取れるからだ。

中国地方は日本列島がユーラシア大陸から引きはがされた時代以降、海面が低下する氷河期には大陸と陸続きの期間が長かった。最終氷期が終わる1万年前にもつながっていたから、大陸との生物の往来が盛んだったことだろう。火山も少なく、プレート移動の影響もうけず、日本列島の中では比較的安定した地質条件を備えていた。イワナたちはそんな中国山地の隅々にまで入り込み、それぞれの水域で繁栄していたのだろう。遺伝子解析でもゴギは多系統であることが解明されつつある。日本全体のイワナの出発点はゴギではないのかという妄想に駆られているのは私だけだろうか。

ミズキの花越しに雄大な山容の伯耆大山（1729m）を眺める。咽るような初夏の香りを楽しみながら渓谷への道を急ぐ⑤

（左）ゴギの自然分布域東端付近の魚。田圃の中を流れる里川で釣れた魚（下）出雲の国、斐伊川水系のコギ。出雲ではゴギをコギと呼ぶ。頭部の斑点は大きく密で面積が大きめ。すべての個体が同じような特徴を示すわけではなく、個体や支流によって微妙に異なる。斐伊川では一般的タイプだ①

上下ともに鳥取県千代川水系、氷ノ山から流れ出す支流のイワナ。支流によって着色点を持たない個体が目立つ。頭部に斑点のある個体を恣意的に選択しているわけではないので、水系の変異幅の中にある魚体と判断していいだろう

鳥取県天神川水系は支流が多く、大阪方面からたくさんの釣り人がやって来る。この魚をどこの支流で釣ったのか、今となっては思い出すことができない。しかしどこへ行っても似たようなタイプがそれなりに釣れたから、棲息環境的には恵まれているのかもしれない⑦

天神川水系、大山から流れ出す支流に棲むイワナ。関東のイワナといっても通じるくらいのニッコウイワナ感がある

鳥取県のイワナとしては普通の外観、頭部斑点もなく地味な雰囲気が漂う。天神川水系は奥の深い渓が多く、相当な距離を歩き回った。イワナのバリエーションもいろいろあって、規模の大きな渓の多様性はどこでも同じだなと感じた⑧

こちらは上下ともに日野川水系の道後山付近から流れ出す支流のイワナである。日野川はゴギとニッコウイワナの境界帯にあたる。mtDNAはHap-71、Hap-72という珍しいハプロタイプで、遺伝子的にはニッコウイワナに分類される。しかし見た目は普通にゴギで、ミトコンが４亜種の特徴を支持しない典型例といえよう

斐伊川本流筋源流部のイワナ。傾斜の緩い峠の向こう側にはニッコウイワナの養魚場があって、微妙な瀬戸際感が漂う。
イワナが峠を歩いて越えることはないので問題はないのだが

江の川水系のゴギ。とろけそうな斑点が印象的。限られた支流筋の最源流部だけに見られる個体だという③　photo：古澤修一

江の川水系西城川のゴギ。斑点の間隔が開き気味な個体。ゴギの個性はこうしたところにも表れる。それぞれに愛おしく可愛らしい②

着色点はやや大きくぼやけ気味だが、尾ビレの赤が鮮やかな太田川水系のゴギ

全体的に斑点が小さなタイプ。目が大きくて愛らしいタイプだ。この魚も太田川水系

広島県太田川水系のゴギ。ゴギとしては最大級のサイズ。頭部斑紋が細かく、全体的な印象は日本海系のイワナに見える。しかし瀬戸内海流入河川には、このタイプがいても不思議ではない④　photo：光司

保護色としてはの体色や斑点のようすはまあまあ機能しているように思う。ヒレが赤いことにどんな意味があるのだろうか。俯瞰で観察すると、新たな好奇心が湧いてくる

着色斑点はクリムゾン・レッド。くっきりとした縁取りの蒼灰色の斑点が背部から頭部にかけて整然と並んでいる

中国山地の穏やかな隆起準平原の地形とその自然環境が作り上げた渓流の宝石、紅ゴギ。環境と資源の保護に尽力していただきたい地域と日本国民共通の財産である。FlyFisher誌連載の「瀬戸際の渓魚たち」でも紅ゴギを紹介している。興味のある方はそちらで確認していただければと思う

西中国山地のゴギの特徴をよく表している斑点のサイズと配置。ヒレが大きく、成長が期待できる個体

上の魚の腹部をマクロ撮影してみた。紅の極み、鮮やかすぎる魚体に絶句する。ヨコエビを大量捕食するだけではなく、何か特殊な発色に関わる遺伝的要因があるのかもしれない

「紅ゴギ」と呼ばれる濃厚な色彩のゴギ。朝鮮半島由来という説もあるそうだが、定かではない。西中国山地の宝石と称される貴重なタイプだ　photo：冨原博史

山口県錦川水系のゴギ。自然分布域西端付近、mt-Group C の遺伝グループに属す集団である。ハプロタイプはゴギを代表するHap-21だ⑥　photo：原田智弘

山里に桜咲く頃、九州山地を駆け下る渓流と芽吹きの森を楽しむ

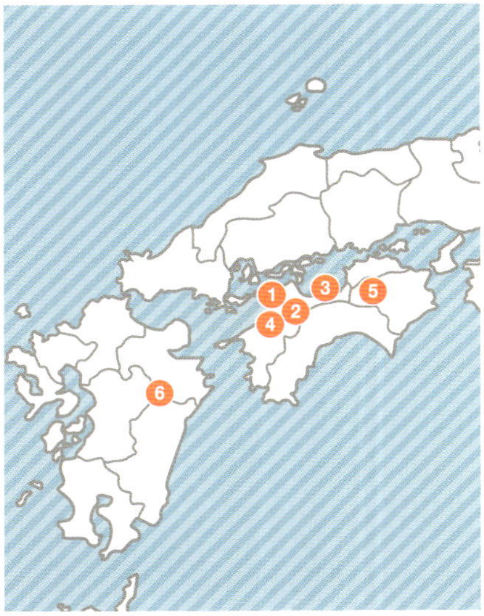

四国・九州エリア

イワナの自然分布の可能性を探る

後氷期（約１万年前）の瀬戸内海 環境省HPから引用

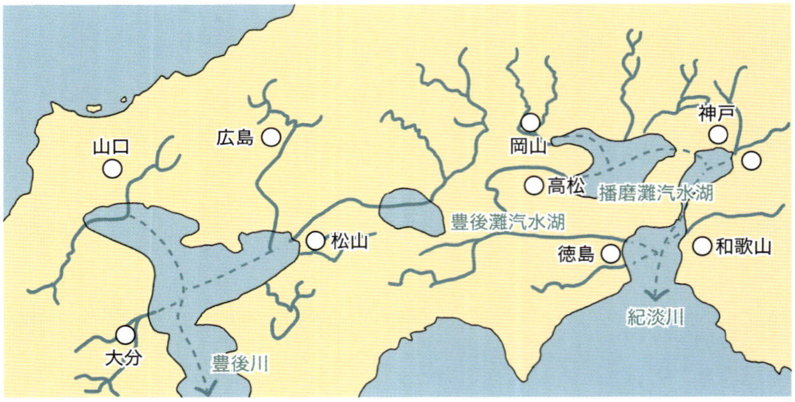

ここ数年、四国と九州のイワナ事情から目が離せない。棲息状況を自身の目で確かめたくて、何かと口実を設けては足を運んでいる。この歳になっても、現地へ足を運んで魚を見れば見るほど、新たな好奇心が沸々と湧き上がってくるのだ。「四国と九州にイワナの自然分布はない」。これは定説や常識として現在も広く受け入れられている。けれどもその根拠を明確に示す論文もなければデータもない。誰かのつぶやきが独り歩きして、いつのまにか定説になってしまったようにしか思えないのである。

人間は先入観や既成概念に縛られて行動をコントロールしたほうが楽に生きられるし、そうすることで精神的余裕も生まれる。しかし、どこかに後ろめたさが残って、それがヒリヒリ疼きだすときがある。どうでもよいといってしまったらそれまでだ。心というものは解き放ってこそ、真実が見えてくるものだ。

だからといって、四国・九州のイワナ自然分布説を諸手を挙げて指示しているわけではない。どちらにも相当量の放流実績があるのは事実で、半世紀以上に渡って誰かしらの手で放流は継続されている。九州では放流イワナの定着と繁殖を調査した報告書が発表されている。しかしながら遺伝子解析の研究が進むにつれ、肯定的なデータが蓄積されつつあるのも事実である。というより、否定するデータが「言い伝え」的なものばかりで、比較する対象が見出せないというのが現実なのである。

四国の限られた地域にイワナが自然分布していることを、自分の中では７割がた肯定している。それは研究者の最新の知見を見聞きしたり、過去の出来事を調べることで得た情報の信用度の値である。自分は学者ではないので、データよりも経験を重視するしかないのだが、昨年、一昨年と訪れた愛媛県の石鎚山周辺の自然環境や河川の状態を見ていると、イワナが棲息できる条件が整っていると強く感じるようになった。四国といえば豪雨で有名な地域だが、それは四国山地の南側の話である。太平洋から押し寄せる雨雲は四国山地に突き当たり、爆発的な豪雨を降らせる。しかし瀬戸内側はむしろ少雨地帯で松山の年間降水量１４００ｍｍ前後、今治１３００ｍｍ、石鎚山でも２３００ｍｍ前後と意外に少ない。それは何を意味するかというと、河川の増水規模である。川岸や周囲の森のようすをみても、本州の高地よりもよほど整っている。むしろ増水時のフラッシュが適度に作用して産卵適地が確保されていると思えるのだ。

瀬戸内海周辺の地形変化の概念図を環境省のＨＰから引用させていただいたが、ここに記された河川図が確信を深める決め手になりそうだ。ほかの生物の棲息状況と併せて、自分なりに調べてみようと思っている。それでも疑問点は尽きないので、今後はそれらを整理しながら、識者の報告を待ちたいと思う。

それでは九州に関してはどうだろう。こちらはまだ半信半疑といった状況である。厳しい棲息地の環境を見る限り、どうやって命を繋いできたのか想像が追いつかない。九州では古文書の記録や民間伝承でもイワナの存在が仄めかされている。それもまた精査が必要だろう。

（上）石鎚山系から瀬戸内海に流入する急峻な河川に棲息するイワナ。四国だからといってヤマトイワナ系を連想する必要はなく、後氷期の瀬戸内海の概念図を見る限り、このような河川配置であれば多様なタイプのイワナが見られたとしても不思議ではない（左）新緑前の石鎚山は意外に寒かった。愛媛県は久万高原町あたりでもしばしば大雪が降る。四国は漂泊の民、サンカが活動していた地域でもある。山も自然も豊かなのだ②

愛媛県東予地方ならヤマトイワナ系がいてもおかしくない。和歌山県のキリクチ棲息河川と同じ水系だ③　photo：shigehiro.k

これも東予のイワナだが、外観的には東中国方面の瀬戸内海流入河川のイワナとよく似ている　photo：shigehiro.k

これもまた東予地方のイワナ。背中の密で真円ではない斑点のようすは、関東地方利根川水系のニッコウイワナを思わせる。この列の3尾の特徴が違いすぎるのはなぜなのか photo:shigehiro.K

瀬戸内海流入独立小河川のイワナ。どこにでもいそうなタイプだが、背中の中央ラインに沿って白点が歪んでいたり、上半部の斑紋が小さくはっきり出ていたり、よく見るとあまり見かけないタイプなのである

こんなタイプのイワナはほかで見たことがない。ありそうでないデザインである。背中の斑点がオショロコマ並みに細かい。そしてこのタイプのパーマークが乱れると、このようなナガレモンイワナが出現する。ボトルネックが起こりそうな偏狭な瀬戸内海流入河川。もちろん同じ川のイワナである④

吉野川水系支流、標高1200m付近の階段状の渓相区間の源流部で釣れたナガレモンイワナ。20cmに満たないサイズだが、背中に白点がなく、ヤマトイワナからナガレモンに転じたように見える。ルーツを辿りたい個体である

（左上）愛媛県の瀬戸内海に流れ込む独立小河川に棲むイワナ。直感的にはゴギのイメージが浮かぶ。あるいは秋田あたりのエゾニッコウという印象（右上)左の魚と同一河川に共存しているイワナ。これは完全に秋田〜山形あたりの東北日本海側でよく見るタイプだ。いずれの魚も放流魚の可能性が高い（右下）徳島県の剣山から吉野川へ流れ込む貞光川水系のイワナ。唯一無二の斑紋。別種のようにさえ感じる。すぐにでも釣りに行きたい気分。後氷期の河川地図とも合致する⑤
photo：つり人

（上）高知県仁淀川水系最上流部の支流にこつ然と現れたように見えたため、放流魚の扱いを受けていたのだが……その後の調査で在来の可能性が浮上している。タイプとしては琵琶湖東岸流入河川のイワナだろうか（下）高知県吉野川上流域のイワナ。着色点の入り方が独特だが、どちらかといえばニッコウイワナ系である。未知の部分が多いので、どんなタイプがいても不思議ではないのだが photo:shigehiro.K

宮崎県北部の険しい渓の源流部に、ほんの数年間存在していたイワナ。山越えルートで発眼卵を運んだのだろうか

外輪山から阿蘇カルデラをのぞむ。九州ならではの風景である

微妙なタイプである。どこのイワナ似ているかといえば、成長して白点が消えかけたニッコウ系……といった雰囲気が漂っている　photo：松本宏人（米良鹿釣倶楽部）

（上）ピンク系斑点のイワナ。ある支流では共通アイコンだという。関東のニッコウイワナよりも日本海のイワナによく似た斑点パターンである　photo：松本宏人（左）大分県大野川水系のイワナ。背ビレの前後の斑点に違和感を覚えるのだがどうだろう。全体的には極めて普通のニッコウイワナに見える。　photo：松本宏人

（左）南国宮崎県とはいえ、標高1000mを優に越える山岳地帯では、平地で桜が咲く時期でも想定外の寒波に襲われる。九州で氷瀑の渓流を歩くとは思わなかった⑥（下）氷瀑地帯を越えた地点、減水した流れの最後のポイントで釣れたイワナ。白点が消失したヤマトイワナ系である。この地点における放流履歴は確認されていない。自分自身で足を運んだ現場でこんなタイプを見てしまうと、自然分布の可能性を頭から否定する気持ちになれない

（上）やせ衰えたメスの老成魚。前年秋に産卵した個体だろう。お相手は上の画像のイワナだったかもしれない
（左）苔むした沢筋に朝一番の光が差し込む

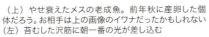

●ミトコンドリアDNA分析による信越地方産イワナの遺伝的集団構造
樋口正仁・兵藤則行・佐藤雍彦・野上泰弘・河野成実
日本水産学会誌　77巻6号　2011年11月
https://agriknowledge.affrc.go.jp/RN/2030815159.pdf

●諏訪地方・砥川水系におけるヤマトイワナの棲息状況ならびに個体群構造
北野聡・久保田伸三
長野県環境保全研究所研究報告　13:55-59（2017）

●長良川・揖斐川水系のイワナの形態と生態に関する知見
加藤文男　水産増殖　40巻2号　145-152 199

●陸封イワナ Salvelinus leucomaenis の遺伝学的保全対策に関する研究
山口光太郎　埼玉県農林総合研究センター　2012年3月
https://agriknowledge.affrc.go.jp/RN/2010831822.pdf

● Systematic headwater sampling of white-spotted char reveals stream capture events across dynamic topography
増田太郎・下野淑子・岸大弼・小泉逸郎
Journal of Biogeography　2022年12月16日
https://onlinelibrary.wiley.com/doi/epdf/10.1111/jbi.14553
要約はこちら→ https://www.kyoto-u.ac.jp/sites/default/files/2023-01/230105_Shimono-53bab6df8b588bf3f981bc9edb9f49e0.pdf

●和歌山県日高川におけるキリクチ絶滅に伴う
奈良キリクチの移入・復活計画およびその後の活動
ー故木村英造氏と故久保達郎博士のキリクチへの思いー
岩槻幸雄・関　伸吾・谷関俊男・奥野八重子・川嶋尚正・平嶋健太郎
Nature of Kagoshima Vol.47 2021年3月
https://journal.kagoshima-nature.org/volume/vol-47/

●瀬戸内海　後氷期と現在の比較
環境省
https://www.env.go.jp/water/heisa/heisa_net/setouchiNet/seto/setonaikai/1-1.html

●四国におけるイワナの生息実態と聞き込み調査による過去の生息情報
岩槻幸雄・関　伸吾・細井栄嗣・川嶋尚正・管　茂広・
秋成　澪・岡田遼太郎・八束将仁・信崎　広・豊田庄二
ICHTHY 8 | 2021 | 56

●九州の球磨川上流域に移入されたイワナの分布域拡大と繁殖
近藤卓哉・阪田和弘・竹下直彦・中園明信・木村清朗
魚類学雑誌　46(2)：121-125　1999年

●放流しても魚は増えない
～放流は河川の魚類群集に長期的な悪影響をもたらすことを解明～
（地球環境科学研究院　助教　先崎理之）
URL：https://doi.org/10.1073/pnas.2218044120
＜要約URL＞↓
https://www.hokudai.ac.jp/news/2023/02/post-1173.html

●たった一塩基の違いで分かれる未来
後藤友二　ゲノム進化ダイナミクス研究室
https://www.toho-u.ac.jp/sci/bio/column/0817.html

●群馬県水産試験場研究報告　29号 2023 令和4年度業務報告
https://www.pref.gunma.jp/uploaded/attachment/620288.pdf

岩魚曼荼羅にご協力いただいた方々
（2024年10月12日時点）

※投稿の受け付け順で掲載しています。

Flydeturuyo／ちょしちゃん／赤星明彦／choice／fisher1.14／yoichi／スサノオ／毛鉤人／東海林誠／武田正英／やま／小池正勝／電話屋／ナルゴウ／多摩の原田／岡田修／Masaki／ほそだ研吾／Ryo／mokuzohiraya／中川敬介／下崎和久／Joe.M／K.NODA／アキラ80％／K.NODA／せーいち／ミツ／Andy Wu／赤沼亘／浦口健次郎／こだま／五十嵐仁身／鈴木信久／kirikuchiiwana60／越智正博／Oyaaaaaaaama／園原徹／mazumazu.k／kimijii／S.Takizawa／ガクト／吉村裕三／sawase／田中／じょえる／@hobbyboxmovie／ino0426／Shigechan run／ソロフィッシャー／ゆきお／風／akr／freebody／けんもっちー／とあるフライマン／じょーじ／秘境岩魚／ボウズ倶楽部／村山誉幸／木曽猿／k-funachan／轟崇弘／猪野雅誉／くみこ／浅見康光／藤本幸人／浅見康光／水澄まし／平野源太／原田智弘／杉山裕史／mazumazu.k／矢木伸岳／飯倉良明／澤田和文／tattan／和田有司／奥信濃の釣り人／f_yukio_s／Shige-Cham-run／田中慎吾／みかん／pi_ro_shiki／水澄まし／よねきち／井伊信久／小池正勝／吉村努／工藤淳／ヒロ／たまちゃん／猪野雅誉／ASOEDA／田中篤／大野敏男／晴れた日ベイビー／ナカモト／島崎雅史／komfly1958／kimijii／カズマサ Flymankazu／エリアカチョー／高橋厚／光司／中野修一／@takeiwana／MASA／水色のランディングネット／ビバ！アーセナル！／宮寺健／shigehiro.k／tkm／三浦慶也／土屋勝／おぐろカモノハシ／アナザワールド@練馬／佐藤祐也／いちじゅん／イガ33／Kaz／today_drifter／横山泰祐／杉山正和／ぐっちゃん／小島智之／つっちー／レトロ／ジョン鱒次郎／山本勝教／Keigo／nature bose／マムウ／ななじら／mitugon45／SAKAI KEI／馬場勇人／宇田雅廣／ヒロ国見／山本彰徳／ドリフトバム／GACKA／稲田秀彦／マモル／中谷（た）／宇田雅廣／太田武志／池田元用／mitugon45／佐藤広太／田中誉人／まさと／對馬有／粟田大介／サツキラブ／トビー／倉知秀哉／立原資朗／ojiken／杉中沙樹人／こてつ／あすか／リョウイチ／lronfisher／teranomuratarou／flyfisher7311／福井章／ダラオ／ぐっちゃん／ちゃんまる／小島智之／kiyo／塚田大樹／釣り好き親父／倉科謙二／ひでろう／金子喜代子／武田正英／古澤浩一／森井正次／小島智之／H.IIMORI／てるてる／HN／amitora／下田耕作／kita／原信幸／古澤修一／どるごすれん／新井博文／前田敦／sindsound／Yoshiki／Fukui／yotch／hi_fkmr／澁川義幸／久保満／goosefactor／飯倉良明／斉藤祐也／岡田修／冨原博史／松本宏人／柳川哲哉／田仲隆／髙橋正之／佐々木真吾／佐ノ木哲／高橋公男／磯貝朋寛／才田健司／吉田晶洋／藤本真司／佐藤英樹／野村瑞樹／久野航／齋藤勇哉／豊島昌也／古川昇／脇田一彦

ほかインスタグラムで投稿してくださった方々。

ご協力ありがとうございました！

参考文献

●日本産イワナに関する研究
大島正満　1961. 鳥獣集報 , 18(1):1-70

●CHARRS OF GENUS SALVELINUS
OF ASIAN NORTH PACIFIC:
origin, evolution and modern diversity
E.V. Esin, G.N. Markevich
Подписановпечать15.12.2017.

●Phylogeography of a salmonid fish, white-spotted charr(Salvelinus leucomaenis), in a historically non-glaciated region in the northwestern North Pacific
SHOICHIRO YAMAMOTO, KENTARO MORITA, SATOSHI KITANO, RYOICHI TABATA, KATSUTOSHI WATANABE and KOJI MAEKAWA
Biological Journal of the Linnean Society, 2023, 139, 115–130. With 6 figures.
https://academic.oup.com/biolinnean/article/139/2/115/7103533

●淡水魚増刊　イワナ特集
財団法人淡水魚保護協会　1980 年

●淡水魚別刊　大島正満サケ科魚類臭
財団法人淡水魚保護協会　1981 年

●サケ・マスの生態と進化
前川光司 編　文一総合出版　2004 年 5 月

●内水面の環境保全と遊漁振興に関する研究成果報告書
国立研究開発法人水産研究・教育機構中央水産研究所　平成 29 年 3 月
https://www.suisan-shinkou.or.jp/promotion/pdf/inlandwater_report_2017-1.pdf

●「遺伝子データベースの構築によるイワナ、ヤマメ、アマゴ個体群の在来・非在来判別技術の開発」
水産総合研究センター　中央水産研究所　2015 年

●渓流魚の増やし方
放流と自然繁殖を上手に使いこなす　平成 25 年 3 月
https://www.jfa.maff.go.jp/j/enoki/pdf/keiryuu1.pdf

●シン・イワナ地図
若林 輝
山釣り JOY 2024 山と渓谷社

●特集「ジオパーク。北の大地への旅」
北海道という島のなりたち
Hokkaido Magazine KAI
https://kai-hokkaido.com/feature_vol32_hokkaido/

●東北大学総合学術博物館
http://www.museum.tohoku.ac.jp/exhibition_info/kikaku/ocean_drilling/chapterA3/index.html

●河川型イワナ Salvelinus leucomaenis の特性と持続的利用に関する研究
山本聡　東京海洋大学　2013 年
file:///C:/Users/user/Downloads/kad328-2.pdf

●大鹿村中央構造線博物館
https://mtl-muse.com/

●糸魚川ジオパーク
フォッサマグナと日本列島
https://fmm.geo-itoigawa.com/event-learning/fossamagna_japan-archipelago/

●北アルプスの誕生　激動の 500 万年史
市立大町山岳博物館　平成 30 年度企画展
https://www.omachi-sanpaku.com/display/archives/project/entry-616.php

●遺伝子調査から見た白山手取川のイワナの特徴
坂井恵一・東出幸真・北村仁
のと海洋ふれあいセンターだより　令和 2 年
http://notomarine.jp/center/doc/No_52.pdf

●宮城県内のイワナ在来個体群
宮城県水産研究報告　宮城県水産研究開発センター 10 号　2010 年

●Current Genetic Status of Nagaremon-charr, a Threatened Morphotype of Salvelinus leucomaenis in the Ane River, Lake Biwa System, Central Japan, With Comments on Its Conservation
Authors: Kikko, Takeshi, Sugahara, Kazuhiro, Kataoka, Yoshitaka, Ishizaki, Daisuke, Yoshioka, Tsuyoshi, et al.
Source: Zoological Science, 39(3)
Published By: Zoological Society of Japan
URL: https://doi.org/10.2108/zs210044
Kikko et al 2022

●琵琶湖水系のイワナ (Salvelinus leucomaenis) の起源と保全管理に関する研究
亀甲武志　滋賀県水産試験場研報　54(2011)

●イワナの顔
白石勝彦・和田 悟　山と渓谷社　1993 年

●イワナの謎を追う
石城謙吉　岩波書店　1984 年

●イワナとヤマメ　渓流の生態と釣り
今西錦司　平凡社　1996 年

●本邦産イワナ属 (Salvelinus) 魚類
ヒライワナ
太田康治　水産学会報　1918 年　231 項

●パーマークによるイワナの個体識別法
柳生将之・中村寛志・宮崎敏孝
魚類学雑誌　2007 年
https://www.jstage.jst.go.jp/article/jji1950/54/2/54_2_187/_pdf/-char/ja

●ミトコンドリア DNA 分析に基づく関東地方産イワナの遺伝的集団構造
山本祥一郎・中村智幸・久保田仁志・土居隆秀・北野聡・長谷川功
日本水産学会誌　74 巻 5 号　2008 年 9 月
https://agriknowledge.affrc.go.jp/RN/2010762034.pdf

あとがき

ずっと以前から、全国各地の個性的なイワナを集めた図鑑風の本を作りたいと思っていた。10年ほど前、ある雑誌の企画で同じ角度から撮影したイワナの画像を並べ、曼荼羅絵図風に仕上げたことがあった。しかし50に届かない枚数だったので物足りなさを感じた。もっと多くの個性的なイワナたちを集めて、楽しく見せることができないものかと、思いを巡らせていた。
そんなとき、FlyFisher編集部から「イワナ特集を……」という提案を受け、そこから「岩魚曼荼羅」の企画が始まった。私個人が所有するイワナ画像も相当量が蓄積されていたが、どうしても出かける地域に偏りがあって、全国を網羅することはできない。そこで読者の皆様からイワナの画像を募集したところ、あっというまに600枚を超えた。予想をはるかに上回る枚数に驚かされただけでなく、イワナに対する関心の高さをうかがい知ることができた。
集まった画像の中から厳選した画像を生かして、FlyFisher vol.307(2023年春号)に40ｐのボリュームで「岩魚曼荼羅」の特集を組んでいただいた。拙い記事ながら多くの人たちの支持を集められたことが、自分にとって大きな励みになったことは言うまでもない。
そして今回の書籍化にあたり、最新の知見の紹介やエピソード記事を加えるとともに、さらに多くのイワナたちの画像を集めた。この1年間というもの、全国いたるところへ出かけて、イワナの写真を撮りまくっていたのだ。
このような経緯で上梓にこぎつけたこの書を、本邦初の「全国イワナ図鑑」として役立てていただければ幸いである。

画像を提供に協力していただいた全国の釣り人の皆様に、この場を借りて心からお礼申し上げます。せっかくのご厚意をすべて反映できればと考えたのですが、誌面のスペースや地域や外観の重複等があるため、こちらで使用画像を絞らせていただいたことをご了承ください。
また、行く先々で力を貸していただいた全国の釣友には、何から何まで本当にお世話になりました。厚くお礼申し上げます。
大学や研究機関の先生たちには、多くのご助言とアドバイスをいただきました。心よりお礼申し上げます。
最後に、大量のイワナ画像を組み合わせ、曼荼羅絵図をデザインしてくれた数越綾子さん、出版へ向けて全力を尽くしていただいたつり人社編集部の滝大輔氏に感謝の意を表します。

釣りは老若男女関係なく楽しめる素敵な遊びだということを、強く感じる今日この頃です。

Tight Lines,
佐藤成史

渓流で出会える多様な魚たち

岩魚曼荼羅

IWANA MANDALA

神秘のイワナ図鑑

佐藤成史（さとう・せいじ）

1957年生まれ。北里大学水産学部在学中はイワナの研究に没頭。海外の釣りに傾倒した時期もあったが、結局日本の渓魚たちの魅力を断ち切れず、還暦を過ぎた現在でもせっせと渓流に通う。渓流魚分布の秘密に迫るための釣行は「瀬戸際活動」と呼んでいる。フライフィッシング関連の著書多数、であることは言わずもがな。群馬県前橋市在住。

著書

「瀬戸際の渓魚たち　増補版　東日本編　」、「瀬戸際の渓魚たち　増補版　西日本編　」、「The Flies」、「フライフィッシング常識と裏技」（いずれもつり人社）、「渓魚つりしかの川」（1997年立風書房）「ライズフィッシング・アンド・フライズ」（2003年地球丸）「いわな　川と森の生きものたち」（あさりまゆみと共著 2013年ポトス出版）など多数。

2024年11月10日発行

著者：佐藤成史

発行者：山根和明

発行所：株式会社つり人社

〒101-8408 東京都千代田区神田神保町1-30-13

☎03-3294-0781（営業部）

☎03-3294-0789（編集部）

カバーデザイン／岩魚曼荼羅図制作：数越綾子

デザイン：黒田海太郎

印刷・製本：港北メディアサービス株式会社

乱丁、落丁などありましたらお取り替えいたします。

ISBN 978-4-86447-743-7 C2075

つり人社ホームページ	http://tsuribito.co.jp
FlyFisher ONLINE	https://flyfisher.tsuribito.co.jp
Japan Anglers Store	https://japananglersstore.com
つり人チャンネル（YouTube）	https://www.youtube.com/@tsuribito-channel